Unraveling the Code: A Beginners Guide to Evolutionary Genetics

ಜೀನ್‌ಗಳ ಗುಪ್ತಸಂದೇಶ ಬಿಡಿಸುವುದು: ವಿಕಾಸ ಗತಿವಿಜ್ಞಾನದ ಆರಂಭಿಕರಿಗೆ ಮಾರ್ಗದರ್ಶನ

Maya Verma

Unraveling the Code: A Beginners Guide to Evolutionary Genetics

Copyright © 2023 by Maya Verma

The first edition was published in 2023

ISBN:
Published by:
Sunshine
1663 Liberty Drive
Hyderabad, IN 47403
www.Sunshinepublishers.com

This book is self-published using on-demand printing and publishing, which allows it to be printed and distributed globally

TABLE OF CONTENT

Chapter 6: Unveiling the Human Story - Human Evolution and Genetics   52

- Our place in the primate family tree: shared traits and evolutionary divergences
- The fossil record of human ancestors and understanding our lineage
- Genetic evidence for human evolution and migration patterns
- Exploring the role of genes in human traits and behavior

Chapter 7: Beyond Genes - Epigenetics and the Environment   61

- How the environment can influence gene expression without changing DNA
- Epigenetic mechanisms and their long-term consequences
- Exploring the potential role of epigenetics in evolution and adaptation
- Personalized medicine and the future of epigenetics research

Chapter 8: Unraveling the Future - Ethics and Applications of Genetics   70

- The ethical considerations of genetic research and technology
- Gene editing and its potential applications in medicine and agriculture
- Genetic testing and the implications for individuals and society
- Preparing for the future of genetics and responsible technological advancements

ಅಧ್ಯಾಯ 1: ಜೀನ್‌ಗಳ ಗುಪ್ತಸಂದೇಶ ಬಿಡಿಸುವುದು - ಜೀನ್‌ಗಳು ಮತ್ತು ಗತಿವಿಜ್ಞಾನದ ಪರಿಚಯ

- ಜೀನ್‌ಗಳು ಏನು? ಅವು ಹೇಗೆ ಕೆಲಸ ಮಾಡುತ್ತವೆ?

- ಡಿಎನ್‌ಎ ರಚನೆ ಮತ್ತು ಕ್ರೋಮೋಸೋಮ್‌ಗಳ ಪಾತ್ರ

- ಮೂಲಭೂತ ಜೀನತತ್ವದ ಪರಿಕಲ್ಪನೆಗಳ ಪರಿಚಯ: ಅಲೀಲ್‌ಗಳು, ಗುಣಲಕ್ಷಣಗಳು ಮತ್ತು ವಂಶವಾಹಿನಿ

- ವಿವಿಧ ಜೀನತತ್ವದ ಶಾಖೆಗಳ ಅನ್ವೇಷಣೆ

ಅಧ್ಯಾಯ 2: ಬದಲಾವಣೆಯ ನರ್ತನ - ಪರಿವರ್ತನೆ ಮತ್ತು ವ್ಯತ್ಯಾಸ

- ಪರಿವರ್ತನೆಗಳು ಹೇಗೆ ಸಂಭವಿಸುತ್ತವೆ ಮತ್ತು ಜೀನತತ್ವದ ವೈವಿಧ್ಯತೆಯ ಮೇಲಿನ ಅವುಗಳ ಪರಿಣಾಮವನ್ನು ಅರ್ಥಮಾಡಿಕೊಳ್ಳುವುದು

- ಪರಿವರ್ತನೆಗಳ ವಿಧಗಳು ಮತ್ತು ಅವುಗಳ ಸಂಭಾವ್ಯ ಪರಿಣಾಮಗಳು

- ನೈಸರ್ಗಿಕ ಆಯ್ಕೆ ಮತ್ತು ಜನಸಂಖ್ಯೆಗಳ ರೂಪತಳಿಕೆಯಲ್ಲಿ ಅದರ ಪಾತ್ರ

- ಜೀನತತ್ವದ ಚಲನೆ ಮತ್ತು ವ್ಯತ್ಯಾಸವನ್ನು ಪ್ರಭಾವಿಸುವ ಇತರ ಅಂಶಗಳು

ಅಧ್ಯಾಯ 3: ಹಳ್ಳಿಹೆಂಬರಗಳಿಂದ ಹಕ್ಕಿಗಳವರೆಗೆ - ವಿಕಾಸದ ಇತಿಹಾಸವನ್ನು ಬಿಚ್ಚಿಡುವುದು

- ಹಳ್ಳಿಹೆಂಬರಗಳ ದಾಖಲೆ ಮತ್ತು ವಿಕಾಸವನ್ನು ಅರ್ಥಮಾಡಿಕೊಳ್ಳುವಲ್ಲಿ ಅದರ ಪ್ರಾಮುಖ್ಯತೆ

- ಡೇಟಿಂಗ್ ತಂತ್ರಗಳು ಮತ್ತು ಜೀವನದ ಟೈಮ್‌ಲೈನ್‌ಗಳನ್ನು ಪುನರ್‌ನಿರ್ಮಿಸುವುದು

- ಸದೃಶ ಲಕ್ಷಣಗಳು ಮತ್ತು ಸದೃಶ್ಯ ಲಕ್ಷಣಗಳು - ಹಂಚಿಕೆಯ ಪೂರ್ವೀಕರ ಪುರಾವೆ

- ಅಣುಕ್ರಮ ವಂಶವಾಹಿನಿ ಮತ್ತು ಜೀನತತ್ವದ ಸಂಬಂಧಗಳನ್ನು ಪತ್ತೆಹಚ್ಚುವುದು

ಅಧ್ಯಾಯ 4: ಹೊಂದಿಕೊಳ್ಳುವಿಕೆಯ ಕೆಲಸ - ಜನಸಂಖ್ಯೆಗಳು ಹೇಗೆ ವಿಕಾಸಗೊಳ್ಳುತ್ತವೆ

- ಕ್ರಿಯೆಯಲ್ಲಿ ನೈಸರ್ಗಿಕ ಆಯ್ಕೆ: ಹೊಂದಿಕೊಳ್ಳುವಿಕೆಗಳು ಮತ್ತು ಅವುಗಳ ಪ್ರಯೋಜನಗಳು

- ಜಾತಿ ರಚನೆ ಮತ್ತು ಜಾತಿಯ ಕಾರ್ಯವಿಧಾನಗಳು

- ಸಮಾನಾಂತರ ವಿಕಾಸ ಮತ್ತು ನೈಸರ್ಗಿಕ ಪ್ರಪಂಚದಲ್ಲಿ ಸಮಾನತೆಗಳು

- ಸಹವಿಕಾಸ ಮತ್ತು ಪರಸ್ಪರತೆಯನ್ನು ತನಿಖೆ ಮಾಡುವುದು

ಅಧ್ಯಾಯ 5: ವೈಯಕ್ತಿಕತೆಯ ಆಚೆಗೆ - ಜನಸಂಖ್ಯ ಜಿನೆಟಿಕ್ಸ್

- ಹಾರ್ಡಿ-ವೈನ್‌ಬರ್ಗ್ ಸಮತೋಲನ ಮತ್ತು ಜೀನ್ ಕಂಪನಗಳ ಅರ್ಥಮಾಡಿಕೆ

- ಜೆನೆಟಿಕ್ ಡ್ರಿಫ್ಟ್ ಮತ್ತು ಸಣ್ಣ ಸಮುದಾಯಗಳಲ್ಲಿ ಅದರ ಪಾತ್ರ

- ಜನಸಂಖ್ಯ ಬಾಟಲ್‌ನೆಕ್‌ಗಳು ಮತ್ತು ಸ್ಥಾಪಕ ಪರಿಣಾಮಗಳು

- ಸಂರಕ್ಷಣಾ ಜಿನೆಟಿಕ್ಸ್ ಮತ್ತು ಜೈವಿಕ ವೈವಿಧ್ಯತೆಯನ್ನು ಉಳಿಸುವುದು

ಅಧ್ಯಾಯ 6: ಮಾನವ ಚರಿತ್ರೆಯನ್ನು ಬಯಲುಗಟ್ಟುವುದು - ಮಾನವ ವಿಕಾಸ ಮತ್ತು ಜಿನೆಟಿಕ್ಸ್

- ಪ್ರೈಮೇಟ್ ಕುಟುಂಬ ಮರದಲ್ಲಿ ನಮ್ಮ ಉದ್ದಾರ: ಹಂಚಿಕೊಂಡ ಗುಣಲಕ್ಷಣಗಳು ಮತ್ತು ವಿಕಾಸಾತ್ಮಕ ವ್ಯತ್ಯಾಸಗಳು

- ಮಾನವ ಪೂರ್ವಜರ ಜೀವಾಶ್ಮ ದಾಖಲೆ ಮತ್ತು ನಮ್ಮ ವಂಶಜರ ಅರ್ಥಮಾಡಿಕೆ

- ಮಾನವ ವಿಕಾಸ ಮತ್ತು ವಲಸೆ ಮಾದರಿಗಳಿಗೆ ಜೆನೆಟಿಕ್ ಪುರಾವೆ

- ಮಾನವ ಗುಣಲಕ್ಷಣಗಳು ಮತ್ತು ನಡವಳಿಕೆಯಲ್ಲಿ ಜೀನ್‌ಗಳ ಪಾತ್ರವನ್ನು ಅನ್ವೇಷಿಸುವುದು

ಅಧ್ಯಾಯ 7: ಜೀನ್‌ಗಳ ಆಚೆಗೆ - ಎಪಿಜೆನೆಟಿಕ್ಸ್ ಮತ್ತು ಪರಿಸರ

- ಡಿಎನ್‌ಎ ಬದಲಾಗದೆಯೇ ಪರಿಸರವು ಜೀನ್ ಅಭಿವ್ಯಕ್ತಿಯನ್ನು ಹೇಗೆ ಪ್ರಭಾವಿಸಬಹುದು

- ಎಪಿಜೆನೆಟಿಕ್ ಕಾರ್ಯವಿಧಾನಗಳು ಮತ್ತು ಅವುಗಳ ದೀರ್ಘಕಾಲೀನ ಪರಿಣಾಮಗಳು

- ವಿಕಾಸ ಮತ್ತು ಹೊಂದಿಕೊಳ್ಳುವಿಕೆಯಲ್ಲಿ ಎಪಿಜೆನೆಟಿಕ್ಸ್‌ನ ಸಂಭಾವ್ಯ ಪಾತ್ರವನ್ನು ಅನ್ವೇಷಿಸುವುದು

- ವೈಯಕ್ತೀಕರಿಸಿದ ಔಷಧ ಮತ್ತು ಎಪಿಜೆನೆಟಿಕ್ಸ್ ಸಂಶೋಧನೆಯ ಭವಿಷ್ಯ

ಅಧ್ಯಾಯ 8: ಭವಿಷ್ಯವನ್ನು ಬಿಚ್ಚಿಡುವುದು - ಜಿನೆಟಿಕ್ಸ್‌ನ ನೀತಿಶಾಸ್ತ್ರ ಮತ್ತು ಅನ್ವಯಗಳು

- ಜೆನೆಟಿಕ್ ಸಂಶೋಧನೆ ಮತ್ತು ತಂತ್ರಜ್ಞಾನದ ನೀತಿಬಾಧ್ಯತೆಗಳು

- ಜೀನ್ ಎಡಿಟಿಂಗ್ ಮತ್ತು ಔಷಧ ಮತ್ತು ಕೃಷಿಯಲ್ಲಿ ಅದರ ಸಂಭಾವ್ಯ ಅನ್ವಯಗಳು

- ಜೆನೆಟಿಕ್ ಪರೀಕ್ಷೆ ಮತ್ತು ವ್ಯಕ್ತಿಗಳು ಮತ್ತು ಸಮಾಜಕ್ಕೆ ಅದರ ಪರಿಣಾಮಗಳು

- ಜಿನೆಟಿಕ್ಸ್‌ನ ಭವಿಷ್ಯಕ್ಕೆ ಸಿದ್ಧತೆ ಮತ್ತು ಜವಾಬ್ದಾರಿಯುತ ತಾಂತ್ರಿಕ ಪ್ರಗತಿ

Chapter 1: Cracking the Code - An Introduction to Genes and Genetics

ಅಧ್ಯಾಯ 1: ಜೀನ್‌ಗಳ ಗುಪ್ತಸಂದೇಶ ಬಿಡಿಸುವುದು - ಜೀನ್‌ಗಳು ಮತ್ತು ಗತಿವಿಜ್ಞಾನದ ಪರಿಚಯ

ಜೀನ್‌ಗಳು ಏನು? ಅವು ಹೇಗೆ ಕೆಲಸ ಮಾಡುತ್ತವೆ?

ಜೀನ್‌ಗಳು ಎಲ್ಲಾ ಜೀವಿಗಳಲ್ಲಿರುವ ಒಂದು ಪ್ರಮುಖ ಅಂಶವಾಗಿದೆ. ಅವುಗಳು ಜೀವಕೋಶಗಳಲ್ಲಿರುವ DNA ಅಣುಗಳ ತುಣುಕುಗಳಾಗಿವೆ. ಜೀನ್‌ಗಳು ಜೀವಿಯ ಗುಣಲಕ್ಷಣಗಳನ್ನು ನಿರ್ಧರಿಸುತ್ತವೆ, ಉದಾಹರಣೆಗೆ ಆಕಾರ, ಬಣ್ಣ, ಮತ್ತು ಒತ್ತಡಕ್ಕೆ ಪ್ರತಿಕ್ರಿಯೆ.

ಜೀನ್‌ಗಳ ರಚನೆ

ಜೀನ್‌ಗಳು DNA ಅಣುಗಳಿಂದ ಮಾಡಲ್ಪಟ್ಟಿವೆ. DNA ಎನ್ನುವುದು ನ್ಯೂಕ್ಲಿಯಿಕ್ ಆಮ್ಲವಾಗಿದೆ, ಇದು ಕೋಡ್ ಅನ್ನು ಹೊಂದಿರುತ್ತದೆ. ಈ ಕೋಡ್ ಜೀವಕೋಶಗಳಿಗೆ ಏನು ಮಾಡಬೇಕೆಂದು ಹೇಳುತ್ತದೆ.

DNA ಅಣುಗಳು ಎರಡು ಬಾಹ್ಯ ತಂತುಗಳಿಂದ ಮಾಡಲ್ಪಟ್ಟಿವೆ, ಅವುಗಳನ್ನು ಎರಡು-ಹಗ್ಗದ ಜೋಡಿಯಾಗಿ ಜೋಡಿಸಲಾಗಿದೆ. ಈ ತಂತುಗಳನ್ನು ಪಾಲಿನ್ಯೂಕ್ಲಿಯೋಟೈಡ್‌ಗಳಿಂದ ಮಾಡಲಾಗಿದೆ. ಪಾಲಿನ್ಯೂಕ್ಲಿಯೋಟೈಡ್‌ಗಳು ಒಂದು ಸಕ್ಕರೆ, ಒಂದು ಫಾಸ್ಫೇಟ್, ಮತ್ತು ನಾಲ್ಕು ಬೇರೆ ಬೇರೆ ಬೇಸ್‌ಗಳಲ್ಲಿ ಒಂದನ್ನು ಒಳಗೊಂಡಿರುತ್ತವೆ. ಈ ನಾಲ್ಕು ಬೇಸ್‌ಗಳು ಅಡೆನಿನ್

(A), ಗುಯಿನೀನ್ (G), ಸೈಟೋಸಿನ್ (C), ಮತ್ತು ಥೈಮಿನ್ (T) ಆಗಿದೆ.

ಜೀನ್‌ಗಳು DNA ಅಣುವಿನಲ್ಲಿರುವ ಒಂದು ನಿರ್ದಿಷ್ಟ ಪ್ರದೇಶವಾಗಿದೆ. ಈ ಪ್ರದೇಶವು ಎರಡು ತಂತುಗಳಲ್ಲಿರುವ ನಿರ್ದಿಷ್ಟ ಬೇಸ್‌ಗಳ ಜೋಡಿಯನ್ನು ಹೊಂದಿರುತ್ತದೆ. ಈ ಬೇಸ್ ಜೋಡಿಗಳು ಜೀವಿಯ ಗುಣಲಕ್ಷಣಗಳನ್ನು ನಿರ್ಧರಿಸುವ ಕೋಡ್ ಅನ್ನು ರೂಪಿಸುತ್ತವೆ.

ಜೀನ್‌ಗಳ ಕಾರ್ಯ

ಜೀನ್‌ಗಳು ಜೀವಕೋಶಗಳಲ್ಲಿರುವ ಪ್ರೋಟೀನ್‌ಗಳ ಉತ್ಪಾದನೆಯನ್ನು ನಿಯಂತ್ರಿಸುತ್ತವೆ. ಪ್ರೋಟೀನ್‌ಗಳು ಜೀವಿಯ ಜೀವನಕ್ಕೆ ಅಗತ್ಯವಾದ ಎಲ್ಲಾ ಅಂಶಗಳಾಗಿವೆ. ಅವು ಜೀವಕೋಶದ ರಚನೆಯನ್ನು ರಚಿಸುತ್ತವೆ, ರಾಸಾಯನಿಕ ಪ್ರತಿಕ್ರಿಯೆಗಳನ್ನು ನಿಯಂತ್ರಿಸುತ್ತವೆ, ಮತ್ತು ಜೀವಿಯ ಒತ್ತಡಕ್ಕೆ ಪ್ರತಿಕ್ರಿಯೆಯನ್ನು ನಿರ್ಧರಿಸುತ್ತವೆ.

ಜೀನ್‌ಗಳು ಪ್ರೋಟೀನ್‌ಗಳನ್ನು ಉತ್ಪಾದಿಸುವ ಸಲುವಾಗಿ, ಅವು mRNA ಎಂದು ಕರೆಯಲ್ಪಡುವ ಒಂದು ರೀತಿಯ RNA ಅನ್ನು ರಚಿಸುತ್ತವೆ. mRNA ಜೀನ್‌ನಿಂದ ಬೇಸ್ ಜೋಡಿಗಳ ಕೋಡ್ ಅನ್ನು ಒಯ್ಯುತ್ತದೆ.

mRNA ಜೀವಕೋಶದ ನ್ಯೂಕ್ಲಿಯಸ್‌ನಿಂದ ಹೊರಬರುತ್ತದೆ ಮತ್ತು ರೈಬೋಸೋೕಮ್‌ಗೆ ಹೋಗುತ್ತದೆ. ರೈಬೋಸೋೕಮ್‌ಗಳು mRNA ಅನ್ನು ಓದುತ್ತವೆ ಮತ್ತು ಅದರ ಕೋಡ್ ಅನ್ನು ಪ್ರೋಟೀನ್‌ಗಳಾಗಿ ಅನುವಾದಿಸುತ್ತವೆ.

ಜೀನ್‌ಗಳ ಬದಲಾವಣೆಗಳು

ಜೀನ್‌ಗಳಲ್ಲಿ ಬದಲಾವಣೆಗಳು ಸಂಭವಿಸಬಹುದು. ಈ ಬದಲಾವಣೆಗಳನ್ನು ಮ್ಯುಟೇಶನ್‌ಗಳು ಎಂದು ಕರೆಯುತ್ತಾರೆ. ಮ್ಯುಟೇಶನ್‌ಗಳು ಜೀವಿಯ ಗುಣಲಕ್ಷಣಗಳನ್ನು ಬದಲಾಯಿಸಬಹುದು.

ಡಿಎನ್ಎ ರಚನೆ ಮತ್ತು ಕ್ರೋಮೋಸೋಮ್‌ಗಳ ಪಾತ್ರ

ಪರಿಚಯ

ಜೀವನದ ಮೂಲಭೂತ ಘಟಕವೆಂದರೆ ಜೀವಕೋಶ. ಜೀವಕೋಶಗಳಲ್ಲಿರುವ DNA ಎಂಬ ನ್ಯೂಕ್ಲಿಯಿಕ್ ಆಮ್ಲವು ಜೀವಿಯ ಗುಣಲಕ್ಷಣಗಳನ್ನು ನಿರ್ಧರಿಸುತ್ತದೆ. DNA ಅಣುಗಳು ಎರಡು-ಹಗ್ಗದ ಜೋಡಿಯಾಗಿರುತ್ತವೆ, ಮತ್ತು ಅವುಗಳಲ್ಲಿ ಜೀನ್‌ಗಳು ಎಂಬ ನಿರ್ದಿಷ್ಟ ಪ್ರದೇಶಗಳಿವೆ. ಜೀನ್‌ಗಳು ಪ್ರೋಟೀನ್‌ಗಳ ಉತ್ಪಾದನೆಯನ್ನು ನಿಯಂತ್ರಿಸುತ್ತವೆ, ಮತ್ತು ಪ್ರೋಟೀನ್‌ಗಳು ಜೀವಿಯ ಎಲ್ಲಾ ಜೈವಿಕ ಕ್ರಿಯೆಗಳಿಗೆ ಅಗತ್ಯವಾಗಿರುತ್ತವೆ.

ಕ್ರೋಮೋಸೋಮ್‌ಗಳು DNA ಅಣುಗಳ ತುಣುಕುಗಳಾಗಿವೆ. ಪ್ರತಿಯೊಂದು ಜೀವಿಯಲ್ಲಿ ನಿರ್ದಿಷ್ಟ ಸಂಖ್ಯೆಯ ಕ್ರೋಮೋಸೋಮ್‌ಗಳಿರುತ್ತವೆ. ಕ್ರೋಮೋಸೋಮ್‌ಗಳು ಜೀವಿಯ ಗುಣಲಕ್ಷಣಗಳನ್ನು ಒಂದರಿಂದ ಇನ್ನೊಂದಕ್ಕೆ ರವಾನಿಸುವ ಜವಾಬ್ದಾರಿಯನ್ನು ಹೊಂದಿವೆ.

ಡಿಎನ್ಎ ರಚನೆ

DNA ಅಣುಗಳು ನಾಲ್ಕು ವಿಭಿನ್ನ ಬೇಸ್‌ಗಳಿಂದ ಮಾಡಲ್ಪಟ್ಟಿವೆ: ಅಡೆನಿನ್ (A), ಗುಯಿನೀನ್ (G), ಸೈಟೋಸಿನ್ (C), ಮತ್ತು ಥೈಮಿನ್ (T). ಈ ಬೇಸ್‌ಗಳು ಪಾಲಿನ್ಯೂಕ್ಲಿಯೋಟೈಡ್‌ಗಳಲ್ಲಿ ಸಂಯೋಜಿಸಲ್ಪಟ್ಟಿವೆ. ಪಾಲಿನ್ಯೂಕ್ಲಿಯೋಟೈಡ್‌ಗಳು ಒಂದು ಸಕ್ಕರೆ, ಒಂದು ಫಾಸ್ಫೇಟ್, ಮತ್ತು ಒಂದು ಬೇಸ್ ಅನ್ನು ಒಳಗೊಂಡಿರುತ್ತವೆ.

DNA ಅಣುವಿನಲ್ಲಿ ಎರಡು ಬಾಹ್ಯ ತಂತುಗಳಿವೆ, ಅವುಗಳನ್ನು ಎರಡು-ಹಗ್ಗದ ಜೋಡಿಯಾಗಿ ಜೋಡಿಸಲಾಗಿದೆ. ಈ ತಂತುಗಳನ್ನು ಹೈಡ್ರೋಜನ್ ಬಂಧಗಳಿಂದ ಜೋಡಿಸಲಾಗಿದೆ.

DNA ಅಣುವಿನಲ್ಲಿರುವ ಬೇಸ್‌ಗಳು ಜೋಡಿಗಳಾಗಿ ಸಂಯೋಜಿಸಲ್ಪಟ್ಟಿವೆ. ಈ ಜೋಡಿಗಳನ್ನು ಬೇಸ್ ಪೇರಿಂಗ್ ಎಂದು ಕರೆಯುತ್ತಾರೆ. ಅಡೆನಿನ್ (A) ಯಾವಾಗಲೂ ಥೈಮಿನ್ (T) ಜೊತೆ ಜೋಡಿಯಾಗುತ್ತದೆ, ಮತ್ತು ಗುಯಿನೀನ್ (G) ಯಾವಾಗಲೂ ಸೈಟೋಸಿನ್ (C) ಜೊತೆ ಜೋಡಿಯಾಗುತ್ತದೆ.

ಕ್ರೋಮೋಸೋಮ್‌ಗಳ ರಚನೆ

ಕ್ರೋಮೋಸೋಮ್‌ಗಳು DNA ಅಣುಗಳ ತುಣುಕುಗಳಾಗಿವೆ. ಪ್ರತಿಯೊಂದು ಕ್ರೋಮೋಸೋಮ್‌ನಲ್ಲಿ ಎರಡು ತಂತುಗಳಿರುತ್ತವೆ, ಅವುಗಳನ್ನು ಕ್ರೋಮೋಟಿಡ್‌ಗಳು ಎಂದು ಕರೆಯುತ್ತಾರೆ. ಈ ತಂತುಗಳನ್ನು ಸೆಂಟ್ರುಮರ್ ಎಂಬ ಪ್ರದೇಶದಲ್ಲಿ ಜೋಡಿಸಲಾಗಿದೆ.

ಕ್ರೋಮೋಸೋಮ್‌ಗಳ ಮುಖ್ಯ ಭಾಗವನ್ನು ಜೀನ್‌ಗಳು ಆಕ್ರಮಿಸಿಕೊಂಡಿರುತ್ತವೆ. ಜೀನ್‌ಗಳು ಪ್ರೋಟೀನ್‌ಗಳ ಉತ್ಪಾದನೆಯನ್ನು ನಿಯಂತ್ರಿಸುತ್ತವೆ.

ಕ್ರೋಮೋಸೋಮ್‌ಗಳ ಪಾತ್ರ

ಕ್ರೋಮೋಸೋಮ್‌ಗಳು ಜೀವಿಯ ಗುಣಲಕ್ಷಣಗಳನ್ನು ಒಂದರಿಂದ ಇನ್ನೊಂದಕ್ಕೆ ರವಾನಿಸುವ ಜವಾಬ್ದಾರಿಯನ್ನು ಹೊಂದಿವೆ.

ಮೂಲಭೂತ ಜೀನತತ್ವದ ಪರಿಕಲ್ಪನೆಗಳ ಪರಿಚಯ: ಅಲೀಲ್‌ಗಳು, ಗುಣಲಕ್ಷಣಗಳು ಮತ್ತು ವಂಶವಾಹಿನಿ

ಪರಿಚಯ

ಜೀನತತ್ವವು ಜೀವಿಯ ಗುಣಲಕ್ಷಣಗಳನ್ನು ನಿರ್ಧರಿಸುವ ನಿಯಮಗಳನ್ನು ಅಧ್ಯಯನ ಮಾಡುವ ಒಂದು ವಿಜ್ಞಾನವಾಗಿದೆ. ಜೀನತತ್ವದ ಮೂಲಭೂತ ಪರಿಕಲ್ಪನೆಗಳು ಅಲೀಲ್‌ಗಳು, ಗುಣಲಕ್ಷಣಗಳು ಮತ್ತು ವಂಶವಾಹಿನಿಗಳಾಗಿವೆ.

ಅಲೀಲ್‌ಗಳು

ಅಲೀಲ್‌ಗಳು ಜೀನ್‌ಗಳ ವಿಭಿನ್ನ ಆವೃತ್ತಿಗಳಾಗಿವೆ. ಪ್ರತಿ ಜೀನ್‌ಗೆ ಎರಡು ಅಲೀಲ್‌ಗಳಿರುತ್ತವೆ, ಅವುಗಳನ್ನು ಒಂದು ಪೋಷಕನಿಂದ ಮತ್ತು ಇನ್ನೊಂದು ಪೋಷಕನಿಂದ ಪಡೆಯಲಾಗುತ್ತದೆ.

ಉದಾಹರಣೆಗೆ, ಕಣ್ಣಿನ ಬಣ್ಣವನ್ನು ನಿರ್ಧರಿಸುವ ಜೀನ್‌ಗೆ ಎರಡು ಅಲೀಲ್‌ಗಳಿರಬಹುದು: ಬಿಳಿ ಅಲೀಲ್ (W) ಮತ್ತು ಕಪ್ಪು ಅಲೀಲ್ (B). ಒಬ್ಬ ವ್ಯಕ್ತಿಯು ಒಂದು ಬಿಳಿ ಅಲೀಲ್ ಮತ್ತು ಒಂದು ಕಪ್ಪು ಅಲೀಲ್ ಹೊಂದಿದ್ದರೆ, ಅವರು ಬೂದು ಕಣ್ಣುಗಳನ್ನು ಹೊಂದಿರುತ್ತಾರೆ.

ಗುಣಲಕ್ಷಣಗಳು

ಗುಣಲಕ್ಷಣಗಳು ಜೀವಿಯ ದೈಹಿಕ ಅಥವಾ ವರ್ತನೆಯ ಲಕ್ಷಣಗಳಾಗಿವೆ. ಗುಣಲಕ್ಷಣಗಳು ಅಲೀಲ್‌ಗಳಿಂದ ನಿಯಂತ್ರಿಸಲ್ಪಡುತ್ತವೆ.

ಉದಾಹರಣೆಗೆ, ಕಣ್ಣಿನ ಬಣ್ಣ, ತಲೆಕೂದಲಿನ ಬಣ್ಣ, ಮತ್ತು ರಕ್ತದ ಗುಂಪುಗಳು ಗುಣಲಕ್ಷಣಗಳಾಗಿವೆ.

ವಂಶವಾಹಿನಿ

ವಂಶವಾಹಿನಿ ಎನ್ನುವುದು ಪೋಷಕರಿಂದ ಮಕ್ಕಳಿಗೆ ಗುಣಲಕ್ಷಣಗಳನ್ನು ಹೇಗೆ ರವಾನಿಸಲಾಗುತ್ತದೆ ಎಂಬುದನ್ನು ವಿವರಿಸುವ ಒಂದು ಸಿದ್ಧಾಂತವಾಗಿದೆ.

ಮೂಲಭೂತ ಜೀನತತ್ತ್ವದ ಪರಿಕಲ್ಪನೆಗಳನ್ನು ಅರ್ಥಮಾಡಿಕೊಳ್ಳುವುದು ಜೀವಿಯ ಗುಣಲಕ್ಷಣಗಳನ್ನು ಹೇಗೆ ನಿರ್ಧರಿಸಲಾಗುತ್ತದೆ ಎಂಬುದನ್ನು ಅರ್ಥಮಾಡಿಕೊಳ್ಳಲು ಮುಖ್ಯವಾಗಿದೆ.

ಅಲೀಲ್‌ಗಳು ಮತ್ತು ಗುಣಲಕ್ಷಣಗಳ ನಡುವಿನ ಸಂಬಂಧ

ಅಲೀಲ್‌ಗಳು ಗುಣಲಕ್ಷಣಗಳನ್ನು ನಿಯಂತ್ರಿಸುತ್ತವೆ. ಪ್ರತಿ ಜೀನ್‌ಗೆ ಎರಡು ಅಲೀಲ್‌ಗಳಿರುತ್ತವೆ, ಅವುಗಳನ್ನು ಒಂದು ಪೋಷಕನಿಂದ ಮತ್ತು ಇನ್ನೊಂದು ಪೋಷಕನಿಂದ ಪಡೆಯಲಾಗುತ್ತದೆ.

ಅಲೀಲ್‌ಗಳು ಒಂದೇ ಆಗಿದ್ದರೆ, ವ್ಯಕ್ತಿಯು ಪುನರುತ್ಪಾದಕವಾಗಿ ಸ್ಥಿರವಾಗಿರುತ್ತಾನೆ. ಉದಾಹರಣೆಗೆ, ಒಬ್ಬ ವ್ಯಕ್ತಿಯು ಎರಡೂ ಕಪ್ಪು ಕಣ್ಣುಗಳ ಅಲೀಲ್‌ಗಳನ್ನು ಹೊಂದಿದ್ದರೆ, ಅವನು ಯಾವಾಗಲೂ ಕಪ್ಪು ಕಣ್ಣುಗಳನ್ನು ಹೊಂದಿರುತ್ತಾನೆ.

ಅಲೀಲ್‌ಗಳು ವಿಭಿನ್ನವಾಗಿದ್ದರೆ, ವ್ಯಕ್ತಿಯು ಪುನರುತ್ಪಾದಕವಾಗಿ ಅಸ್ಥಿರವಾಗಿರುತ್ತಾನೆ. ಉದಾಹರಣೆಗೆ, ಒಬ್ಬ ವ್ಯಕ್ತಿಯು ಒಂದು ಬಿಳಿ ಕಣ್ಣುಗಳ ಅಲೀಲ್ ಮತ್ತು ಒಂದು ಕಪ್ಪು ಕಣ್ಣುಗಳ

ಅಲೀಲ್ ಹೊಂದಿದ್ದರೆ, ಅವನು ಬೂದು ಕಣ್ಣುಗಳನ್ನು ಹೊಂದಿರಬಹುದು.

ವಿವಿಧ ಜೀನತತ್ವದ ಶಾಖೆಗಳ ಅನ್ವೇಷಣೆ

ಪರಿಚಯ

ಜೀನತತ್ವವು ಜೀವಿಯ ಗುಣಲಕ್ಷಣಗಳನ್ನು ನಿರ್ಧರಿಸುವ ನಿಯಮಗಳನ್ನು ಅಧ್ಯಯನ ಮಾಡುವ ಒಂದು ವಿಜ್ಞಾನವಾಗಿದೆ. ಜೀನತತ್ವದ ಅನೇಕ ಶಾಖೆಗಳಿವೆ, ಪ್ರತಿಯೊಂದೂ ಜೀವಿಯ ಗುಣಲಕ್ಷಣಗಳನ್ನು ಅರ್ಥಮಾಡಿಕೊಳ್ಳಲು ವಿಭಿನ್ನ ದೃಷ್ಟಿಕೋನವನ್ನು ನೀಡುತ್ತದೆ.

ಸಾಂಪ್ರದಾಯಿಕ ಜೀನತತ್ವ

ಸಾಂಪ್ರದಾಯಿಕ ಜೀನತತ್ವವು ಜೀನ್‌ಗಳು ಮತ್ತು ಅವುಗಳು ಗುಣಲಕ್ಷಣಗಳನ್ನು ಹೇಗೆ ನಿಯಂತ್ರಿಸುತ್ತವೆ ಎಂಬುದನ್ನು ಅಧ್ಯಯನ ಮಾಡುತ್ತದೆ. ಈ ಶಾಖೆಯು ವಂಶವಾಹಿನಿ ನಿಯಮಗಳು, ಅಲೀಲ್‌ಗಳು ಮತ್ತು ಜೀನ್‌ಗಳ ಸಂಯೋಜನೆಯಂತಹ ಪರಿಕಲ್ಪನೆಗಳನ್ನು ಅಭಿವೃದ್ಧಿಪಡಿಸಿದೆ.

ಮೂಲಕಣ ಜೀನತತ್ವ

ಮೂಲಕಣ ಜೀನತತ್ವವು ಜೀವಕೋಶದ ಒಳಭಾಗದಲ್ಲಿರುವ ಜೀನ್‌ಗಳನ್ನು ಅಧ್ಯಯನ ಮಾಡುತ್ತದೆ. ಈ ಶಾಖೆಯು ಜೀನ್‌ಗಳ ರಚನೆ, ಕಾರ್ಯ ಮತ್ತು ನಿಯಂತ್ರಣವನ್ನು ಅಧ್ಯಯನ ಮಾಡುತ್ತದೆ.

ಜೀವರಾಸಾಯನಿಕ ಜೀನತತ್ವ

ಜೀವರಾಸಾಯನಿಕ ಜೀನತತ್ವವು ಜೀನ್‌ಗಳು ಪ್ರೋಟೀನ್‌ಗಳನ್ನು ಹೇಗೆ ಉತ್ಪಾದಿಸುತ್ತವೆ ಎಂಬುದನ್ನು ಅಧ್ಯಯನ ಮಾಡುತ್ತದೆ. ಈ ಶಾಖೆಯು ಜೀನ್‌ಗಳಿಂದ ಪ್ರೋಟೀನ್‌ಗಳಿಗೆ ಮಾಹಿತಿಯನ್ನು

ಹೇಗೆ ರವಾನಿಸಲಾಗುತ್ತದೆ ಎಂಬುದನ್ನು ಅಧ್ಯಯನ ಮಾಡುತ್ತದೆ.

ಜೀವಶಾಸ್ತ್ರೀಯ ಜೀನತತ್ತ್ವ

ಜೀವಶಾಸ್ತ್ರೀಯ ಜೀನತತ್ತ್ವವು ಜೀನ್‌ಗಳು ಜೀವಿಯ ಬೆಳವಣಿಗೆ, ಅಭಿವೃದ್ಧಿ ಮತ್ತು ನಡವಳಿಕೆಯನ್ನು ಹೇಗೆ ನಿಯಂತ್ರಿಸುತ್ತವೆ ಎಂಬುದನ್ನು ಅಧ್ಯಯನ ಮಾಡುತ್ತದೆ. ಈ ಶಾಖೆಯು ಜೀನ್‌ಗಳು ಜೀವಿಯ ಜೀವನ ಚಕ್ರದ ವಿವಿಧ ಹಂತಗಳಲ್ಲಿ ಹೇಗೆ ಕಾರ್ಯನಿರ್ವಹಿಸುತ್ತವೆ ಎಂಬುದನ್ನು ಅಧ್ಯಯನ ಮಾಡುತ್ತದೆ.

ಇತರ ಶಾಖೆಗಳು

ಜೀನತತ್ತ್ವದ ಇತರ ಶಾಖೆಗಳೆಂದರೆ:

- ಕೋಶಜೀವಶಾಸ್ತ್ರೀಯ ಜೀನತತ್ತ್ವ - ಕೋಶಗಳಲ್ಲಿ ಜೀನ್‌ಗಳ ಕಾರ್ಯವನ್ನು ಅಧ್ಯಯನ ಮಾಡುತ್ತದೆ.

- ಅಣುಜೀವಶಾಸ್ತ್ರೀಯ ಜೀನತತ್ತ್ವ - ಜೀನ್‌ಗಳ ರಚನೆ ಮತ್ತು ಕಾರ್ಯವನ್ನು ಅಣುಮಟ್ಟದಲ್ಲಿ ಅಧ್ಯಯನ ಮಾಡುತ್ತದೆ.

- ಅನ್ವಯಿಕ ಜೀನತತ್ತ್ವ - ಜೀನತತ್ತ್ವದ ತತ್ತ್ವಗಳನ್ನು ವೈದ್ಯಕೀಯ, ಕೃಷಿ ಮತ್ತು ಇತರ ಕ್ಷೇತ್ರಗಳಲ್ಲಿ ಅನ್ವಯಿಸುತ್ತದೆ.

ವಿವಿಧ ಶಾಖೆಗಳ ನಡುವಿನ ಸಂಬಂಧ

ವಿವಿಧ ಜೀನತತ್ತ್ವದ ಶಾಖೆಗಳು ಪರಸ್ಪರ ಸಂಬಂಧ ಹೊಂದಿವೆ. ಒಂದು ಶಾಖೆಯಲ್ಲಿನ ಪ್ರಗತಿಗಳು ಇತರ ಶಾಖೆಗಳಿಗೆ ಹೊಸ ಅರಿವುಗಳನ್ನು ಒದಗಿಸಬಹುದು.

Chapter 2: The Dance of Change - Mutation and Variation

ಅಧ್ಯಾಯ 2: ಬದಲಾವಣೆಯ ನರ್ತನ - ಪರಿವರ್ತನೆ ಮತ್ತು ವ್ಯತ್ಯಾಸ

ಪರಿವರ್ತನೆಗಳು ಹೇಗೆ ಸಂಭವಿಸುತ್ತವೆ ಮತ್ತು ಜೀನತತ್ವದ ವೈವಿಧ್ಯತೆಯ ಮೇಲಿನ ಅವುಗಳ ಪರಿಣಾಮವನ್ನು ಅರ್ಥಮಾಡಿಕೊಳ್ಳುವುದು

ಪರಿಚಯ

ಪರಿವರ್ತನೆಗಳು ಎನ್ನುವುದು ಜೀವಕೋಶದ DNA ಯಲ್ಲಿ ಸಂಭವಿಸುವ ಬದಲಾವಣೆಗಳಾಗಿವೆ. ಅವು ಜೀವಕೋಶದ ವಿಭಜನೆಯ ಸಮಯದಲ್ಲಿ, ಶಾಖ ಅಥವಾ ವಿಕಿರಣದಂತಹ ಪರಿಸರ ಅಂಶಗಳಿಂದ ಅಥವಾ ವೈರಸ್‌ಗಳಂತಹ ಪರೋಪಜೀವಿಗಳಿಂದ ಉಂಟಾಗಬಹುದು. ಪರಿವರ್ತನೆಗಳು ಜೀನತತ್ವದ ವೈವಿಧ್ಯತೆಗೆ ಮೂಲವಾಗಿದೆ, ಇದು ಜೀವಕೋಶಗಳು ಮತ್ತು ಜೀವಿಗಳ ವಿಕಾಸಕ್ಕೆ ಅಗತ್ಯವಾಗಿದೆ.

ಪರಿವರ್ತನೆಗಳ ವಿಧಗಳು

ಪರಿವರ್ತನೆಗಳನ್ನು ಅವುಗಳ ಸಂಭವಿಸುವಿಕೆಯ ಕಾರಣ ಮತ್ತು ಅವು DNA ಯಲ್ಲಿ ಉಂಟುಮಾಡುವ ಬದಲಾವಣೆಯ ಪ್ರಕಾರ ವಿಂಗಡಿಸಬಹುದು.

ಸಂಭವಿಸುವಿಕೆಯ ಕಾರಣದಿಂದಾಗಿ:

- ಸ್ವಾಭಾವಿಕ ಪರಿವರ್ತನೆಗಳು - ಜೀವಕೋಶದ ವಿಭಜನೆಯ ಸಮಯದಲ್ಲಿ ಸಂಭವಿಸುವ ಪರಿವರ್ತನೆಗಳು.

- ಅನುಕೂಲಕರ ಪರಿವರ್ತನೆಗಳು - ಪರಿಸರಕ್ಕೆ ಹೊಂದಿಕೊಳ್ಳಲು ಸಹಾಯ ಮಾಡುವ ಪರಿವರ್ತನೆಗಳು.

- ಹಾನಿಕಾರಕ ಪರಿವರ್ತನೆಗಳು - ಜೀವಕೋಶಕ್ಕೆ ಅಥವಾ ಜೀವಿಗೆ ಹಾನಿಯನ್ನುಂಟುಮಾಡುವ ಪರಿವರ್ತನೆಗಳು.

DNA ಯಲ್ಲಿ ಉಂಟುಮಾಡುವ ಬದಲಾವಣೆಯ ಪ್ರಕಾರ:

- ಸ್ಥಳಾಂತರ ಪರಿವರ್ತನೆಗಳು - DNA ಯಲ್ಲಿ ಒಂದು ಜೀನ್ ಅಥವಾ ಜೀನ್ ಭಾಗವು ಇನ್ನೊಂದು ಸ್ಥಳಕ್ಕೆ ಚಲಿಸುವ ಪರಿವರ್ತನೆಗಳು.

- ಬದಲಾವಣೆ ಪರಿವರ್ತನೆಗಳು - DNA ಯಲ್ಲಿ ಒಂದು ನ್ಯೂಕ್ಲಿಯೋಟೈಡ್ ಅಥವಾ ನ್ಯೂಕ್ಲಿಯೋಟೈಡ್‌ಗಳ ಗುಂಪನ್ನು ಇನ್ನೊಂದರಿಂದ ಬದಲಾಯಿಸುವ ಪರಿವರ್ತನೆಗಳು.

- ಹೆಚ್ಚುವರಿ ಪರಿವರ್ತನೆಗಳು - DNA ಯಲ್ಲಿ ಹೊಸ ನ್ಯೂಕ್ಲಿಯೋಟೈಡ್‌ಗಳನ್ನು ಸೇರಿಸುವ ಪರಿವರ್ತನೆಗಳು.

- ನಷ್ಟ ಪರಿವರ್ತನೆಗಳು - DNA ಯಿಂದ ನ್ಯೂಕ್ಲಿಯೋಟೈಡ್‌ಗಳನ್ನು ಕಳೆದುಕೊಳ್ಳುವ ಪರಿವರ್ತನೆಗಳು.

ಪರಿವರ್ತನೆಗಳ ಪರಿಣಾಮಗಳು

ಪರಿವರ್ತನೆಗಳು ಜೀನತತ್ವದ ವೈವಿಧ್ಯತೆಗೆ ಮೂಲವಾಗಿದೆ. ಅವುಗಳು ಜೀವಕೋಶಗಳಲ್ಲಿ ಹೊಸ ಲಕ್ಷಣಗಳು ಮತ್ತು ವೈಶಿಷ್ಟ್ಯಗಳನ್ನು ರೂಪಿಸಬಹುದು, ಇದು ಜೀವಕೋಶಗಳು ಮತ್ತು ಜೀವಿಗಳ ವಿಕಾಸಕ್ಕೆ ಅಗತ್ಯವಾಗಿದೆ.

ಉದಾಹರಣೆಗೆ, ಒಂದು ಪರಿವರ್ತನೆಯು ಒಂದು ಜೀವಕೋಶಕ್ಕೆ ಹೊಸ ರೋಗನಿರೋಧಕ ಲಕ್ಷಣವನ್ನು ನೀಡಬಹುದು. ಇದು ಜೀವಕೋಶವನ್ನು ರೋಗದಿಂದ ರಕ್ಷಿಸಲು ಸಹಾಯ ಮಾಡುತ್ತದೆ ಮತ್ತು ಜೀವಕೋಶದ ಅಥವಾ ಜೀವಿಯ ಅಸ್ತಿತ್ವವನ್ನು ಉಳಿಸುತ್ತದೆ.

ಪರಿವರ್ತನೆಗಳ ವಿಧಗಳು ಮತ್ತು ಅವುಗಳ ಸಂಭವ್ಯ ಪರಿಣಾಮಗಳು

ಪರಿಚಯ

ಪರಿವರ್ತನೆಗಳು ಎನ್ನುವುದು ಜೀವಕೋಶದ DNA ಯಲ್ಲಿ ಸಂಭವಿಸುವ ಬದಲಾವಣೆಗಳಾಗಿವೆ. ಅವು ಜೀವಕೋಶದ ವಿಭಜನೆಯ ಸಮಯದಲ್ಲಿ, ಶಾಖ ಅಥವಾ ವಿಕಿರಣದಂತಹ ಪರಿಸರ ಅಂಶಗಳಿಂದ ಅಥವಾ ವೈರಸ್‌ಗಳಂತಹ ಪರೋಪಜೀವಿಗಳಿಂದ ಉಂಟಾಗಬಹುದು. ಪರಿವರ್ತನೆಗಳು ಜೀನತತ್ವದ ವೈವಿಧ್ಯತೆಗೆ ಮೂಲವಾಗಿದೆ, ಇದು ಜೀವಕೋಶಗಳು ಮತ್ತು ಜೀವಿಗಳ ವಿಕಾಸಕ್ಕೆ ಅಗತ್ಯವಾಗಿದೆ.

ಪರಿವರ್ತನೆಗಳ ವಿಧಗಳು

ಪರಿವರ್ತನೆಗಳನ್ನು ಅವುಗಳ ಸಂಭವಿಸುವಿಕೆಯ ಕಾರಣ ಮತ್ತು ಅವು DNA ಯಲ್ಲಿ ಉಂಟುಮಾಡುವ ಬದಲಾವಣೆಯ ಪ್ರಕಾರ ವಿಂಗಡಿಸಬಹುದು.

ಸಂಭವಿಸುವಿಕೆಯ ಕಾರಣದಿಂದಾಗಿ:

- ಸ್ವಾಭಾವಿಕ ಪರಿವರ್ತನೆಗಳು - ಜೀವಕೋಶದ ವಿಭಜನೆಯ ಸಮಯದಲ್ಲಿ ಸಂಭವಿಸುವ ಪರಿವರ್ತನೆಗಳು.

- ಅನುಕೂಲಕರ ಪರಿವರ್ತನೆಗಳು - ಪರಿಸರಕ್ಕೆ ಹೊಂದಿಕೊಳ್ಳಲು ಸಹಾಯ ಮಾಡುವ ಪರಿವರ್ತನೆಗಳು.

- ಹಾನಿಕಾರಕ ಪರಿವರ್ತನೆಗಳು - ಜೀವಕೋಶಕ್ಕೆ ಅಥವಾ ಜೀವಿಗೆ ಹಾನಿಯನ್ನುಂಟುಮಾಡುವ ಪರಿವರ್ತನೆಗಳು.

DNA ಯಲ್ಲಿ ಉಂಟುಮಾಡುವ ಬದಲಾವಣೆಯ ಪ್ರಕಾರ:

- ಸ್ಥಳಾಂತರ ಪರಿವರ್ತನೆಗಳು - DNA ಯಲ್ಲಿ ಒಂದು ಜೀನ್ ಅಥವಾ ಜೀನ್ ಭಾಗವು ಇನ್ನೊಂದು ಸ್ಥಳಕ್ಕೆ ಚಲಿಸುವ ಪರಿವರ್ತನೆಗಳು.

- ಬದಲಾವಣೆ ಪರಿವರ್ತನೆಗಳು - DNA ಯಲ್ಲಿ ಒಂದು ನ್ಯೂಕ್ಲಿಯೋಟೈಡ್ ಅಥವಾ ನ್ಯೂಕ್ಲಿಯೋಟೈಡ್‌ಗಳ ಗುಂಪನ್ನು ಇನ್ನೊಂದರಿಂದ ಬದಲಾಯಿಸುವ ಪರಿವರ್ತನೆಗಳು.

- ಹೆಚ್ಚುವರಿ ಪರಿವರ್ತನೆಗಳು - DNA ಯಲ್ಲಿ ಹೊಸ ನ್ಯೂಕ್ಲಿಯೋಟೈಡ್‌ಗಳನ್ನು ಸೇರಿಸುವ ಪರಿವರ್ತನೆಗಳು.

- ನಷ್ಟ ಪರಿವರ್ತನೆಗಳು - DNA ಯಿಂದ ನ್ಯೂಕ್ಲಿಯೋಟೈಡ್‌ಗಳನ್ನು ಕಳೆದುಕೊಳ್ಳುವ ಪರಿವರ್ತನೆಗಳು.

ಸ್ವಾಭಾವಿಕ ಪರಿವರ್ತನೆಗಳು

ಸ್ವಾಭಾವಿಕ ಪರಿವರ್ತನೆಗಳು ಎನ್ನುವುದು ಜೀವಕೋಶದ ವಿಭಜನೆಯ ಸಮಯದಲ್ಲಿ ಸಂಭವಿಸುವ ಪರಿವರ್ತನೆಗಳಾಗಿವೆ. ಜೀವಕೋಶವು ವಿಭಜನೆಯಾಗುವಾಗ, DNA ಯನ್ನು ಎರಡು ಭಾಗಗಳಾಗಿ ಪ್ರತಿರೂಪಿಸಲಾಗುತ್ತದೆ. ಈ ಪ್ರಕ್ರಿಯೆಯಲ್ಲಿ, ಕೆಲವೊಮ್ಮೆ DNA ಯಲ್ಲಿ ತಪ್ಪುಗಳು ಸಂಭವಿಸಬಹುದು. ಈ ತಪ್ಪುಗಳು ಪರಿವರ್ತನೆಗಳಿಗೆ ಕಾರಣವಾಗಬಹುದು.

ಸ್ವಾಭಾವಿಕ ಪರಿವರ್ತನೆಗಳು ತುಂಬಾ ಅಪರೂಪವಾಗಿರುತ್ತವೆ, ಆದರೆ ಅವು ಜೀನ್‌ಗಳಲ್ಲಿ ವೈವಿಧ್ಯತೆಯನ್ನು ಉಂಟುಮಾಡಲು ಸಹಾಯ ಮಾಡುತ್ತವೆ.

ನೈಸರ್ಗಿಕ ಆಯ್ಕೆ ಮತ್ತು ಜನಸಂಖ್ಯೆಗಳ ರೂಪತಳಿಕೆಯಲ್ಲಿ ಅದರ ಪಾತ್ರ

ಪರಿಚಯ

ನೈಸರ್ಗಿಕ ಆಯ್ಕೆ ಎನ್ನುವುದು ಜೀವಕೋಶಗಳು, ಜೀವಿಗಳು ಮತ್ತು ಜನಸಂಖ್ಯೆಗಳ ರೂಪತಳಿಕೆಯಲ್ಲಿ ಪ್ರಮುಖ ಪಾತ್ರ ವಹಿಸುವ ಒಂದು ಪ್ರಕ್ರಿಯೆಯಾಗಿದೆ. ಇದು ಜೀವಿಗಳಲ್ಲಿನ ಲಕ್ಷಣಗಳು ಮತ್ತು ವೈಶಿಷ್ಟ್ಯಗಳ ಜೈವಿಕ ವಿಕಾಸಕ್ಕೆ ಕಾರಣವಾಗುತ್ತದೆ.

ನೈಸರ್ಗಿಕ ಆಯ್ಕೆಯು ಈ ಕೆಳಗಿನ ಮೂರು ಅಂಶಗಳನ್ನು ಒಳಗೊಂಡಿರುತ್ತದೆ:

- ವೈವಿಧ್ಯತೆ - ಜೀವಕೋಶಗಳು, ಜೀವಿಗಳು ಮತ್ತು ಜನಸಂಖ್ಯೆಗಳಲ್ಲಿ ಲಕ್ಷಣಗಳು ಮತ್ತು ವೈಶಿಷ್ಟ್ಯಗಳಲ್ಲಿ ವೈವಿಧ್ಯತೆಯಿರಬೇಕು.

- ವರ್ತನೆ - ಈ ವೈವಿಧ್ಯತೆಯು ಪರಿಸರದೊಂದಿಗೆ ಪರಸ್ಪರ ಕ್ರಿಯೆ ನಡೆಸುವಲ್ಲಿ ಜೀವಿಗಳಿಗೆ ಅನುಕೂಲಕರ ಅಥವಾ ಅನನುಕೂಲಕರವಾಗಿರಬೇಕು.

- ಉಳಿದುಕೊಳ್ಳುವಿಕೆ ಮತ್ತು ಸಂತಾನೋತ್ಪತ್ತಿ - ಅನುಕೂಲಕರ ಲಕ್ಷಣಗಳನ್ನು ಹೊಂದಿರುವ ಜೀವಿಗಳು ಹೆಚ್ಚು ಸಾಧ್ಯತೆಯಿಂದ ಉಳಿದುಕೊಳ್ಳುತ್ತವೆ ಮತ್ತು ಸಂತಾನೋತ್ಪತ್ತಿ ಮಾಡುತ್ತವೆ.

ನೈಸರ್ಗಿಕ ಆಯ್ಕೆಯ ಪ್ರಕ್ರಿಯೆ

ನೈಸರ್ಗಿಕ ಆಯ್ಕೆಯ ಪ್ರಕ್ರಿಯೆಯು ಈ ಕೆಳಗಿನಂತಿದೆ:

1. ಜೀವಕೋಶಗಳು, ಜೀವಿಗಳು ಅಥವಾ ಜನಸಂಖ್ಯೆಯಲ್ಲಿ ಲಕ್ಷಣಗಳು ಮತ್ತು ವೈಶಿಷ್ಟ್ಯಗಳಲ್ಲಿ ವೈವಿಧ್ಯತೆಯು ಸಂಭವಿಸುತ್ತದೆ.

2. ಈ ವೈವಿಧ್ಯತೆಯು ಪರಿಸರದೊಂದಿಗೆ ಪರಸ್ಪರ ಕ್ರಿಯೆ ನಡೆಸುವಲ್ಲಿ ಜೀವಿಗಳಿಗೆ ಅನುಕೂಲಕರ ಅಥವಾ ಅನನುಕೂಲಕರವಾಗಿರುತ್ತದೆ.

3. ಅನುಕೂಲಕರ ಲಕ್ಷಣಗಳನ್ನು ಹೊಂದಿರುವ ಜೀವಿಗಳು ಹೆಚ್ಚು ಸಾಧ್ಯತೆಯಿಂದ ಉಳಿದುಕೊಳ್ಳುತ್ತವೆ ಮತ್ತು ಸಂತಾನೋತ್ಪತ್ತಿ ಮಾಡುತ್ತವೆ.

4. ಈ ಜೀವಿಗಳ ಸಂತತಿಯು ಅನುಕೂಲಕರ ಲಕ್ಷಣಗಳನ್ನು ಹೊಂದಿರುವ ಸಾಧ್ಯತೆಯಿದೆ.

ನೈಸರ್ಗಿಕ ಆಯ್ಕೆಯ ಪರಿಣಾಮಗಳು

ನೈಸರ್ಗಿಕ ಆಯ್ಕೆಯು ಜೀವಕೋಶಗಳು, ಜೀವಿಗಳು ಮತ್ತು ಜನಸಂಖ್ಯೆಗಳ ರೂಪತಳಿಕೆಯಲ್ಲಿ ಹಲವಾರು ಪರಿಣಾಮಗಳನ್ನು ಬೀರುತ್ತದೆ. ಈ ಪರಿಣಾಮಗಳು ಸೇರಿವೆ:

- ಲಕ್ಷಣಗಳ ಆಯ್ಕೆ - ನೈಸರ್ಗಿಕ ಆಯ್ಕೆವು ಜೀವಿಗಳಲ್ಲಿ ಲಕ್ಷಣಗಳನ್ನು ಆಯ್ಕೆ ಮಾಡುತ್ತದೆ. ಇದು ಈ ಲಕ್ಷಣಗಳನ್ನು ಹೆಚ್ಚು ಸಾಮಾನ್ಯವಾಗಿಸಲು ಕಾರಣವಾಗುತ್ತದೆ.

- ಜನಸಂಖ್ಯೆಯಲ್ಲಿ ವ್ಯತ್ಯಾಸಗಳು - ನೈಸರ್ಗಿಕ ಆಯ್ಕೆವು ಜನಸಂಖ್ಯೆಗಳಲ್ಲಿ ವ್ಯತ್ಯಾಸಗಳನ್ನು ಉಂಟುಮಾಡುತ್ತದೆ. ಇದು ಕೆಲವು ಜನಸಂಖ್ಯೆಗಳಿಗೆ ಇತರರಿಗಿಂತ ಹೆಚ್ಚಿನ ಪ್ರಯೋಜನವನ್ನು ನೀಡುತ್ತದೆ.

Chapter 3: From Fossils to Feathers - Uncovering Evolutionary History

ಅಧ್ಯಾಯ 3: ಹಳ್ಳಿಹೆಂಬರಗಳಿಂದ ಹಕ್ಕಿಗಳವರೆಗೆ - ವಿಕಾಸದ ಇತಿಹಾಸವನ್ನು ಬಿಚ್ಚಿಡುವುದ

ಜೀನತತ್ವದ ಚಲನೆ ಮತ್ತು ವ್ಯತ್ಯಾಸವನ್ನು ಪ್ರಭಾವಿಸುವ ಇತರ ಅಂಶಗಳು

ಪರಿಚಯ

ಜೀನತತ್ವದ ಚಲನೆ ಮತ್ತು ವ್ಯತ್ಯಾಸವು ಜೀವಕೋಶಗಳು, ಜೀವಿಗಳು ಮತ್ತು ಜನಸಂಖ್ಯೆಗಳ ರೂಪತಳಿಕೆಯಲ್ಲಿ ಪ್ರಮುಖ ಪಾತ್ರ ವಹಿಸುತ್ತದೆ. ನೈಸರ್ಗಿಕ ಆಯ್ಕೆ ಎನ್ನುವುದು ಈ ಪ್ರಕ್ರಿಯೆಗಳಲ್ಲಿ ಅತ್ಯಂತ ಪ್ರಮುಖವಾದ ಅಂಶವಾಗಿದೆ, ಆದರೆ ಇತರ ಅಂಶಗಳು ಸಹ ಪ್ರಭಾವ ಬೀರುತ್ತವೆ.

ಜೀನತತ್ವದ ಚಲನೆ

ಜೀನತತ್ವದ ಚಲನೆ ಎಂದರೆ ಜೀನ್‌ಗಳು ಒಂದು ಜೀವಿಯಿಂದ ಇನ್ನೊಂದಕ್ಕೆ ಹರಡುವ ಪ್ರಕ್ರಿಯೆ. ಇದು ಲೈಂಗಿಕ ಸಂತಾನೋತ್ಪತ್ತಿ, ಪರೋಪಜೀವಿಗಳಿಂದ ಹರಡುವಿಕೆ ಮತ್ತು ವೈರಸ್‌ಗಳಿಂದ ಹರಡುವಿಕೆ ಮೂಲಕ ಸಂಭವಿಸಬಹುದು.

ಜೀನತತ್ವದ ವ್ಯತ್ಯಾಸ

ಜೀನತತ್ವದ ವ್ಯತ್ಯಾಸ ಎಂದರೆ ಜೀನ್‌ಗಳಲ್ಲಿನ ವೈವಿಧ್ಯತೆ. ಇದು ಪರಿವರ್ತನೆಗಳು, ಜೋಡಿಯಾಗದ ಸಂತಾನೋತ್ಪತ್ತಿ ಮತ್ತು

ಜನಸಂಖ್ಯೆಗಳ ನಡುವಿನ ಹರಡುವಿಕೆ ಮೂಲಕ ಸಂಭವಿಸಬಹುದು.

ನೈಸರ್ಗಿಕ ಆಯ್ಕೆಯ ಹೊರತಾಗಿ ಇತರ ಅಂಶಗಳು

ನೈಸರ್ಗಿಕ ಆಯ್ಕೆ ಜೀನತತ್ವದ ಚಲನೆ ಮತ್ತು ವ್ಯತ್ಯಾಸವನ್ನು ಪ್ರಭಾವಿಸುವ ಪ್ರಮುಖ ಅಂಶವಾಗಿದೆ, ಆದರೆ ಇತರ ಅಂಶಗಳು ಸಹ ಪ್ರಭಾವ ಬೀರುತ್ತವೆ. ಈ ಅಂಶಗಳು ಸೇರಿವೆ:

- ಜೋಡಿಯಾಗದ ಸಂತಾನೋತ್ಪತ್ತಿ

ಜೋಡಿಯಾಗದ ಸಂತಾನೋತ್ಪತ್ತಿಯು ಒಂದು ಜೀವಿಯಿಂದ ಇನ್ನೊಂದಕ್ಕೆ ಜೀನ್‌ಗಳನ್ನು ಹರಡುವ ಒಂದು ವಿಧಾನವಾಗಿದೆ. ಈ ಪ್ರಕ್ರಿಯೆಯಲ್ಲಿ, ಒಂದು ಜೀವಿ ಇನ್ನೊಂದಕ್ಕೆ ಜೀನ್‌ಗಳನ್ನು ಹರಡುತ್ತದೆ, ಆದರೆ ಈ ಜೀನ್‌ಗಳು ಜೋಡಿಯಾಗಿರುವುದಿಲ್ಲ. ಇದು ಜೀನತತ್ವದಲ್ಲಿ ಹೆಚ್ಚಿನ ವ್ಯತ್ಯಾಸವನ್ನು ಉಂಟುಮಾಡುತ್ತದೆ.

- ಜನಸಂಖ್ಯೆಗಳ ನಡುವಿನ ಹರಡುವಿಕೆ

ಜನಸಂಖ್ಯೆಗಳ ನಡುವಿನ ಹರಡುವಿಕೆಯು ಒಂದು ಜನಸಂಖ್ಯೆಯಿಂದ ಇನ್ನೊಂದಕ್ಕೆ ಜೀನ್‌ಗಳನ್ನು ಹರಡುವ ಒಂದು ವಿಧಾನವಾಗಿದೆ. ಈ ಪ್ರಕ್ರಿಯೆಯು ಜೀನತತ್ವದಲ್ಲಿ ವ್ಯತ್ಯಾಸವನ್ನು ಉಂಟುಮಾಡುತ್ತದೆ, ಏಕೆಂದರೆ ಜನಸಂಖ್ಯೆಗಳು ವಿಭಿನ್ನ ಜೀನ್‌ಗಳನ್ನು ಹೊಂದಿರಬಹುದು.

- ಜೀವನ ಚಕ್ರದ ಉದ್ದ

ಜೀವನ ಚಕ್ರದ ಉದ್ದವು ಜೀನತತ್ವದ ವ್ಯತ್ಯಾಸವನ್ನು ಪ್ರಭಾವಿಸುತ್ತದೆ. ಜೀವನ ಚಕ್ರವು ಚಿಕ್ಕದಾಗಿದ್ದರೆ, ಜೀವಿಗಳು ವೇಗವಾಗಿ ಹೊಸ ಜೀನ್‌ಗಳನ್ನು ಅಭಿವೃದ್ಧಿಪಡಿಸುತ್ತವೆ.

- ಪರಿಸರದ ಬದಲಾವಣೆಗಳು

ಪರಿಸರದ ಬದಲಾವಣೆಗಳು ಜೀನತತ್ವದ ವ್ಯತ್ಯಾಸವನ್ನು ಪ್ರಭಾವಿಸುತ್ತವೆ. ಪರಿಸರವು ಬದಲಾದಾಗ, ಕೆಲವು ಜೀನ್‌ಗಳು ಹೆಚ್ಚು ಅನುಕೂಲಕರವಾಗುತ್ತವೆ.

ಡೇಟಿಂಗ್ ತಂತ್ರಗಳು ಮತ್ತು ಜೀವನದ ಟೈಮ್‌ಲೈನ್‌ಗಳನ್ನು ಪುನರ್‌ನಿರ್ಮಿಸುವುದು

ಪರಿಚಯ

ಡೇಟಿಂಗ್ ಎನ್ನುವುದು ಎರಡು ಅಥವಾ ಹೆಚ್ಚು ಜನರು ಒಟ್ಟಿಗೆ ಸಮಯ ಕಳೆಯುವ ಮತ್ತು ಪರಸ್ಪರರನ್ನು ಉತ್ತಮವಾಗಿ ತಿಳಿದುಕೊಳ್ಳುವ ಪ್ರಕ್ರಿಯೆಯಾಗಿದೆ. ಇದು ಪ್ರೀತಿ, ಸಾಂಗತ್ಯ ಅಥವಾ ಲೈಂಗಿಕತೆಯ ಕಾರಣಕ್ಕಾಗಿ ಮಾಡಬಹುದು.

ಜೀವನದ ಟೈಮ್‌ಲೈನ್ ಎನ್ನುವುದು ಒಬ್ಬ ವ್ಯಕ್ತಿಯ ಜೀವನದಲ್ಲಿನ ಪ್ರಮುಖ ಘಟನೆಗಳ ಕ್ರಮವಾಗಿದೆ. ಇದು ಜನನ, ಶಿಕ್ಷಣ, ಉದ್ಯೋಗ, ಸಂಬಂಧಗಳು ಮತ್ತು ಇತರ ಪ್ರಮುಖ ಘಟನೆಗಳನ್ನು ಒಳಗೊಂಡಿರಬಹುದು.

ಡೇಟಿಂಗ್ ತಂತ್ರಗಳು ಮತ್ತು ಜೀವನದ ಟೈಮ್‌ಲೈನ್‌ಗಳನ್ನು ಪುನರ್‌ನಿರ್ಮಿಸುವುದು ಒಂದು ಸಂಕೀರ್ಣ ಪ್ರಕ್ರಿಯೆಯಾಗಿದೆ. ಇದು ಸ್ವಯಂ-ಪರಿಚಯ, ಸಂವಹನ ಮತ್ತು ಸಂಶೋಧನೆಯನ್ನು ಒಳಗೊಂಡಿರುತ್ತದೆ.

ಡೇಟಿಂಗ್ ತಂತ್ರಗಳು

ಡೇಟಿಂಗ್ ತಂತ್ರಗಳು ಎನ್ನುವುದು ಯಶಸ್ವಿಯಾಗಿ ಡೇಟ್‌ಗಳನ್ನು ಪಡೆಯಲು ಮತ್ತು ಸಂಬಂಧಗಳನ್ನು ರಚಿಸಲು ಬಳಸುವ ವಿಧಾನಗಳಾಗಿವೆ. ಈ ತಂತ್ರಗಳು ವ್ಯಕ್ತಿಯ ವ್ಯಕ್ತಿತ್ವ, ಆಸಕ್ತಿಗಳು ಮತ್ತು ಗುರಿಗಳನ್ನು ಅವಲಂಬಿಸಿರುತ್ತದೆ.

ಕೆಲವು ಸಾಮಾನ್ಯ ಡೇಟಿಂಗ್ ತಂತ್ರಗಳು ಸೇರಿವೆ:

- ಸ್ವಯಂ-ಪರಿಚಯ: ಡೇಟ್‌ಗೆ ಮುಂಚಿತವಾಗಿ ನಿಮ್ಮ ಬಗ್ಗೆ ಸ್ವತಃ ಪ್ರಶ್ನೆಗಳನ್ನು ಕೇಳುವುದು ಮತ್ತು ನಿಮ್ಮ ಬಗ್ಗೆ ತಿಳಿದುಕೊಳ್ಳಲು ನೀವು ಏನು ಮಾಡುತ್ತೀರಿ ಎಂಬುದನ್ನು ತಿಳಿಯುವುದು.

- ಸಂವಹನ: ಡೇಟ್‌ನಲ್ಲಿ, ನಿಮ್ಮ ಸಂಗಾತಿಯೊಂದಿಗೆ ಸಕ್ರಿಯವಾಗಿ ಸಂವಹನ ನಡೆಸುವುದು ಮತ್ತು ಅವರ ಬಗ್ಗೆ ತಿಳಿದುಕೊಳ್ಳಲು ಪ್ರಯತ್ನಿಸುವುದು.

- ಸಂಶೋಧನೆ: ನಿಮ್ಮ ಸಂಗಾತಿಯ ಆಸಕ್ತಿಗಳು ಮತ್ತು ಗುರಿಗಳ ಬಗ್ಗೆ ತಿಳಿದುಕೊಳ್ಳಲು ಸ್ವಲ್ಪ ಸಂಶೋಧನೆ ಮಾಡುವುದು.

ಜೀವನದ ಟೈಮ್‌ಲೈನ್‌ಗಳನ್ನು ಪುನರ್‌ನಿರ್ಮಿಸುವುದು

ಜೀವನದ ಟೈಮ್‌ಲೈನ್‌ಗಳನ್ನು ಪುನರ್‌ನಿರ್ಮಿಸುವುದು ಎನ್ನುವುದು ಒಬ್ಬ ವ್ಯಕ್ತಿಯ ಜೀವನದಲ್ಲಿನ ಪ್ರಮುಖ ಘಟನೆಗಳ ಕ್ರಮವನ್ನು ಗುರುತಿಸುವ ಪ್ರಕ್ರಿಯೆಯಾಗಿದೆ. ಇದನ್ನು ಮಾಡಲು, ನೀವು ಈ ಕೆಳಗಿನ ಹಂತಗಳನ್ನು ಅನುಸರಿಸಬಹುದು:

1. ನಿಮ್ಮ ಸಂಗಾತಿಯೊಂದಿಗೆ ಮಾತನಾಡಿ: ನಿಮ್ಮ ಸಂಗಾತಿಯೊಂದಿಗೆ ಅವರ ಜೀವನದ ಬಗ್ಗೆ ಮಾತನಾಡಿ ಮತ್ತು ಅವರಿಗೆ ಮುಖ್ಯವಾದ ಘಟನೆಗಳ ಬಗ್ಗೆ ಕೇಳಿ.

2. ಅವರ ದಾಖಲೆಗಳನ್ನು ಪರಿಶೀಲಿಸಿ: ನಿಮ್ಮ ಸಂಗಾತಿಯ ಶಾಲಾ ಪ್ರಮಾಣಪತ್ರಗಳು, ಕೆಲಸದ ದಾಖಲೆಗಳು ಮತ್ತು ಇತರ ದಾಖಲೆಗಳನ್ನು ಪರಿಶೀಲಿಸಿ.

ಸದೃಶ ಲಕ್ಷಣಗಳು ಮತ್ತು ಸದೃಶ್ಯ ಲಕ್ಷಣಗಳು - ಹಂಚಿಕೆಯ ಪೂರ್ವಿಕರ ಪುರಾವೆ

ಪರಿಚಯ

ಸದೃಶ ಲಕ್ಷಣಗಳು ಮತ್ತು ಸದೃಶ್ಯ ಲಕ್ಷಣಗಳು ಎನ್ನುವುದು ಎರಡು ಅಥವಾ ಹೆಚ್ಚು ಜೀವಿಗಳಲ್ಲಿ ಕಾಣಬಹುದಾದ ಭೌತಿಕ ಅಥವಾ ನಡವಳಿಕೆಯ ಹೋಲಿಕೆಯಾಗಿದೆ. ಈ ಹೋಲಿಕೆಗಳು ಹಂಚಿಕೆಯ ಪೂರ್ವಿಕರ ಪುರಾವೆಗಳಾಗಿವೆ.

ಸದೃಶ ಲಕ್ಷಣಗಳು

ಸದೃಶ ಲಕ್ಷಣಗಳು ಎನ್ನುವುದು ಎರಡು ಜೀವಿಗಳಲ್ಲಿ ಒಂದೇ ರೀತಿಯ ಭೌತಿಕ ರಚನೆಯನ್ನು ಹೊಂದಿರುವ ಲಕ್ಷಣಗಳಾಗಿವೆ. ಉದಾಹರಣೆಗೆ, ಎಲ್ಲಾ ಕಾಳುಗಳು, ಒಣಗಿದ ಹಣ್ಣುಗಳು, ಒಂದೇ ರೀತಿಯ ಬೀಜವನ್ನು ಹೊಂದಿರುತ್ತವೆ. ಈ ಒಂದೇ ರೀತಿಯ ಬೀಜದ ರಚನೆಯು ಈ ಎಲ್ಲಾ ಸಸ್ಯಗಳ ಹಂಚಿಕೆಯ ಪೂರ್ವಿಕರನ್ನು ಸೂಚಿಸುತ್ತದೆ.

ಸದೃಶ್ಯ ಲಕ್ಷಣಗಳು

ಸದೃಶ್ಯ ಲಕ್ಷಣಗಳು ಎನ್ನುವುದು ಎರಡು ಜೀವಿಗಳಲ್ಲಿ ಒಂದೇ ರೀತಿಯ ನಡವಳಿಕೆಯನ್ನು ಹೊಂದಿರುವ ಲಕ್ಷಣಗಳಾಗಿವೆ. ಉದಾಹರಣೆಗೆ, ಚಿಟ್ಟೆಗಳು ಮತ್ತು ರಾತ್ರಿಪಕ್ಷಿಗಳು ಎರಡೂ ಹಾರುವಾಗ ತಮ್ಮ ರೆಕ್ಕೆಗಳನ್ನು ಪರಸ್ಪರ ವಿರುದ್ಧವಾಗಿ ಚಲಿಸುತ್ತವೆ. ಈ ಒಂದೇ ರೀತಿಯ ಹಾರುವ ನಡವಳಿಕೆ ಈ ಎರಡು ಜೀವಿಗಳ ಹಂಚಿಕೆಯ ಪೂರ್ವಿಕರನ್ನು ಸೂಚಿಸುತ್ತದೆ.

ಸದೃಶ ಲಕ್ಷಣಗಳು ಮತ್ತು ಸದೃಶ್ಯ ಲಕ್ಷಣಗಳ ನಡುವಿನ ವ್ಯತ್ಯಾಸಗಳು

ಸದೃಶ ಲಕ್ಷಣಗಳು ಮತ್ತು ಸದೃಶ್ಯ ಲಕ್ಷಣಗಳ ನಡುವೆ ಕೆಲವು ಪ್ರಮುಖ ವ್ಯತ್ಯಾಸಗಳಿವೆ.

- ಸದೃಶ ಲಕ್ಷಣಗಳು ಭೌತಿಕ ರಚನೆಯನ್ನು ಹೊಂದಿರುತ್ತವೆ, ಆದರೆ ಸದೃಶ್ಯ ಲಕ್ಷಣಗಳು ನಡವಳಿಕೆಯನ್ನು ಹೊಂದಿರುತ್ತವೆ.

- ಸದೃಶ ಲಕ್ಷಣಗಳು ಯಾವಾಗಲೂ ಒಂದೇ ರೀತಿಯದಾಗಿರುತ್ತವೆ, ಆದರೆ ಸದೃಶ್ಯ ಲಕ್ಷಣಗಳು ಸ್ವಲ್ಪಮಟ್ಟಿಗೆ ಭಿನ್ನವಾಗಿರಬಹುದು.

ಸದೃಶ ಲಕ್ಷಣಗಳು ಮತ್ತು ಸದೃಶ್ಯ ಲಕ್ಷಣಗಳ ಮೂಲ

ಸದೃಶ ಲಕ್ಷಣಗಳು ಮತ್ತು ಸದೃಶ್ಯ ಲಕ್ಷಣಗಳು ವಿಕಸನದ ಪ್ರಕ್ರಿಯೆಯಲ್ಲಿ ಉಂಟಾಗುತ್ತವೆ. ಜೀವಿಗಳು ಪರಿಸರಕ್ಕೆ ಹೊಂದಿಕೊಳ್ಳಲು ಅಗತ್ಯವಿರುವಂತೆ ಅವುಗಳ ಲಕ್ಷಣಗಳು ಬದಲಾಗುತ್ತವೆ. ಈ ಬದಲಾವಣೆಗಳು ಕೆಲವೊಮ್ಮೆ ಒಂದೇ ರೀತಿಯ ಲಕ್ಷಣಗಳಿಗೆ ಕಾರಣವಾಗುತ್ತವೆ.

ಉದಾಹರಣೆಗೆ, ಜಲವಾಸಿ ಸಸ್ಯಗಳು ಗಾಳಿಯಿಂದ ಆಮ್ಲಜನಕವನ್ನು ಹೀರಿಕೊಳ್ಳಲು ಅಗತ್ಯವಿರುವಂತೆ ಅವುಗಳ ಎಲೆಗಳನ್ನು ಬದಲಾಯಿಸುತ್ತವೆ. ಈ ಬದಲಾವಣೆಯು ಎಲ್ಲಾ ಜಲವಾಸಿ ಸಸ್ಯಗಳಲ್ಲಿ ಒಂದೇ ರೀತಿಯ ಎಲೆಗಳಿಗೆ ಕಾರಣವಾಗುತ್ತದೆ.

ಅನುಕ್ರಮ ವಂಶವಾಹಿನಿ ಮತ್ತು ಜೀನತತ್ವದ ಸಂಬಂಧಗಳನ್ನು ಪತ್ತೆಹಚ್ಚುವುದು

ಪರಿಚಯ

ಅನುಕ್ರಮ ವಂಶವಾಹಿನಿ ಮತ್ತು ಜೀನತತ್ವವು ಜೀವಶಾಸ್ತ್ರದ ಎರಡು ಪ್ರಮುಖ ಕ್ಷೇತ್ರಗಳಾಗಿವೆ. ಅನುಕ್ರಮ ವಂಶವಾಹಿನಿಯು ಜೀವಕೋಶದ DNA ಮತ್ತು RNA ಯ ರಚನೆ ಮತ್ತು ಕಾರ್ಯವನ್ನು ಅಧ್ಯಯನ ಮಾಡುತ್ತದೆ. ಜೀನತತ್ವವು ಜೀವಕೋಶಗಳಲ್ಲಿನ ಜೀನ್‌ಗಳ ಪಾತ್ರವನ್ನು ಅಧ್ಯಯನ ಮಾಡುತ್ತದೆ.

ಅನುಕ್ರಮ ವಂಶವಾಹಿನಿ ಮತ್ತು ಜೀನತತ್ವದ ನಡುವೆ ನಿಕಟ ಸಂಬಂಧವಿದೆ. ಅನುಕ್ರಮ ವಂಶವಾಹಿನಿಯ ಅಧ್ಯಯನವು ಜೀನ್‌ಗಳ ರಚನೆ ಮತ್ತು ಕಾರ್ಯವನ್ನು ಅರ್ಥಮಾಡಿಕೊಳ್ಳಲು ನಮಗೆ ಸಹಾಯ ಮಾಡುತ್ತದೆ. ಈ ಜ್ಞಾನವು ಜೀನತತ್ವದ ಅಧ್ಯಯನವನ್ನು ಸುಧಾರಿಸಲು ಸಹಾಯ ಮಾಡುತ್ತದೆ.

ಅನುಕ್ರಮ ವಂಶವಾಹಿನಿ ಮತ್ತು ಜೀನತತ್ವದ ಸಂಬಂಧಗಳನ್ನು ಪತ್ತೆಹಚ್ಚುವುದು

ಅನುಕ್ರಮ ವಂಶವಾಹಿನಿ ಮತ್ತು ಜೀನತತ್ವದ ಸಂಬಂಧಗಳನ್ನು ಪತ್ತೆಹಚ್ಚಲು ಹಲವಾರು ವಿಧಾನಗಳನ್ನು ಬಳಸಬಹುದು. ಕೆಲವು ಸಾಮಾನ್ಯ ವಿಧಾನಗಳು ಸೇರಿವೆ:

- ಜೀನ್ ಭೌತಿಕ ಸಂಶೋಧನೆ: ಈ ವಿಧಾನವು ಜೀನ್‌ಗಳ ರಚನೆಯನ್ನು ಅಧ್ಯಯನ ಮಾಡುತ್ತದೆ. ಈ ಅಧ್ಯಯನವು ಜೀನ್‌ಗಳು ಯಾವ ಅಮೈನೋ ಆಮ್ಲಗಳನ್ನು ಸಂಶ್ಲೇಷಿಸುತ್ತವೆ ಎಂಬುದನ್ನು ಅರ್ಥಮಾಡಿಕೊಳ್ಳಲು ಸಹಾಯ ಮಾಡುತ್ತದೆ.

- ಜೀನ್‌ನ ಕಾರ್ಯವನ್ನು ಅಧ್ಯಯನ ಮಾಡುವುದು: ಈ ವಿಧಾನವು ಜೀನ್‌ಗಳು ಜೀವಕೋಶಗಳಲ್ಲಿ ಯಾವ ಕಾರ್ಯವನ್ನು ನಿರ್ವಹಿಸುತ್ತವೆ ಎಂಬುದನ್ನು ಅಧ್ಯಯನ ಮಾಡುತ್ತದೆ. ಈ ಅಧ್ಯಯನವು ಜೀನ್‌ಗಳ ನಡುವಿನ ಸಂಬಂಧಗಳನ್ನು ಅರ್ಥಮಾಡಿಕೊಳ್ಳಲು ಸಹಾಯ ಮಾಡುತ್ತದೆ.

- ಜೀನ್‌ಗಳ ನಡುವಿನ ಸಂಬಂಧಗಳನ್ನು ಅಧ್ಯಯನ ಮಾಡುವುದು: ಈ ವಿಧಾನವು ಜೀನ್‌ಗಳು ಒಟ್ಟಿಗೆ ಹೇಗೆ ಕಾರ್ಯನಿರ್ವಹಿಸುತ್ತವೆ ಎಂಬುದನ್ನು ಅಧ್ಯಯನ ಮಾಡುತ್ತದೆ. ಈ ಅಧ್ಯಯನವು ಜೀವಕೋಶಗಳಲ್ಲಿನ ಸಂಕೀರ್ಣ ಪ್ರಕ್ರಿಯೆಗಳನ್ನು ಅರ್ಥಮಾಡಿಕೊಳ್ಳಲು ಸಹಾಯ ಮಾಡುತ್ತದೆ.

ಅನುಕ್ರಮ ವಂಶವಾಹಿನಿ ಮತ್ತು ಜೀನತತ್ವದ ಸಂಬಂಧಗಳ ಉದಾಹರಣೆಗಳು

ಅನುಕ್ರಮ ವಂಶವಾಹಿನಿ ಮತ್ತು ಜೀನತತ್ವದ ಸಂಬಂಧಗಳನ್ನು ಅರ್ಥಮಾಡಿಕೊಳ್ಳುವುದು ವೈದ್ಯಕೀಯ ಸಂಶೋಧನೆ, ಕೃಷಿ ಮತ್ತು ಪರಿಸರ ಸಂರಕ್ಷಣೆಗೆ ಮುಖ್ಯವಾಗಿದೆ. ಈ ಸಂಬಂಧಗಳ ಕೆಲವು ಉದಾಹರಣೆಗಳು ಸೇರಿವೆ:

- ವೈದ್ಯಕೀಯ ಸಂಶೋಧನೆಯಲ್ಲಿ: ಅನುಕ್ರಮ ವಂಶವಾಹಿನಿ ಮತ್ತು ಜೀನತತ್ವದ ಸಂಬಂಧಗಳನ್ನು ಅರ್ಥಮಾಡಿಕೊಳ್ಳುವುದು ರೋಗಗಳಿಗೆ ಕಾರಣವಾಗುವ ಜೀನ್‌ಗಳನ್ನು ಗುರುತಿಸಲು ಸಹಾಯ ಮಾಡುತ್ತದೆ.

Chapter 4: Adaptation at Work - How Populations Evolve

ಅಧ್ಯಾಯ 4: ಹೊಂದಿಕೊಳ್ಳುವಿಕೆಯ ಕೆಲಸ - ಜನಸಂಖ್ಯೆಗಳು ಹೇಗೆ ವಿಕಾಸಗೊಳ್ಳುತ್ತವೆ

ಕ್ರಿಯೆಯಲ್ಲಿ ನೈಸರ್ಗಿಕ ಆಯ್ಕೆ: ಹೊಂದಿಕೊಳ್ಳುವಿಕೆಗಳು ಮತ್ತು ಅವುಗಳ ಪ್ರಯೋಜನಗಳು

ಪರಿಚಯ

ನೈಸರ್ಗಿಕ ಆಯ್ಕೆ ಎನ್ನುವುದು ಜೀವಕೋಶಗಳು, ಜೀವಿಗಳು ಮತ್ತು ಜನಸಂಖ್ಯೆಗಳ ರೂಪತಳಿಕೆಯಲ್ಲಿ ಪ್ರಮುಖ ಪಾತ್ರ ವಹಿಸುವ ಒಂದು ಪ್ರಕ್ರಿಯೆಯಾಗಿದೆ. ಈ ಪ್ರಕ್ರಿಯೆಯಲ್ಲಿ, ಅನುಕೂಲಕರ ಲಕ್ಷಣಗಳನ್ನು ಹೊಂದಿರುವ ಜೀವಿಗಳು ಹೆಚ್ಚು ಸಾಧ್ಯತೆಯಿಂದ ಉಳಿದುಕೊಳ್ಳುತ್ತವೆ ಮತ್ತು ಸಂತಾನೋತ್ಪತ್ತಿ ಮಾಡುತ್ತವೆ. ಇದು ಅನುಕೂಲಕರ ಲಕ್ಷಣಗಳನ್ನು ಹೊಂದಿರುವ ಲಕ್ಷಣಗಳು ಹೆಚ್ಚು ಸಾಮಾನ್ಯವಾಗಲು ಕಾರಣವಾಗುತ್ತದೆ.

ನೈಸರ್ಗಿಕ ಆಯ್ಕೆಯು ಜೀವಕೋಶಗಳು, ಜೀವಿಗಳು ಮತ್ತು ಜನಸಂಖ್ಯೆಗಳಲ್ಲಿ ಹೊಂದಿಕೊಳ್ಳುವಿಕೆಗಳಿಗೆ ಕಾರಣವಾಗುತ್ತದೆ. ಹೊಂದಿಕೊಳ್ಳುವಿಕೆ ಎನ್ನುವುದು ಜೀವಿಗಳಿಗೆ ತಮ್ಮ ಪರಿಸರದಲ್ಲಿ ಯಶಸ್ವಿಯಾಗಿ ಬದುಕಲು ಮತ್ತು ಸಂತಾನೋತ್ಪತ್ತಿ ಮಾಡಲು ಸಹಾಯ ಮಾಡುವ ಲಕ್ಷಣವಾಗಿದೆ.

ಹೊಂದಿಕೊಳ್ಳುವಿಕೆಗಳ ವಿಧಗಳು

ಹೊಂದಿಕೊಳ್ಳುವಿಕೆಗಳು ವಿವಿಧ ರೀತಿಯಲ್ಲಿರಬಹುದು. ಕೆಲವು ಸಾಮಾನ್ಯ ವಿಧಗಳು ಸೇರಿವೆ:

- ಭೌತಿಕ ಹೊಂದಿಕೊಳ್ಳುವಿಕೆಗಳು: ಭೌತಿಕ ಹೊಂದಿಕೊಳ್ಳುವಿಕೆಗಳು ಜೀವಿಗಳ ಭೌತಿಕ ಲಕ್ಷಣಗಳಲ್ಲಿನ ಬದಲಾವಣೆಗಳನ್ನು ಒಳಗೊಂಡಿರುತ್ತವೆ. ಉದಾಹರಣೆಗೆ, ಚಳಿಗಾಲದಲ್ಲಿ ಬದುಕಲು ಸಹಾಯ ಮಾಡಲು ಉತ್ತರ ಧ್ರುವದ ಬೂದು ಕರಡಿಗಳ ಬೆಳೆದ ತುಪ್ಪಳವು ಭೌತಿಕ ಹೊಂದಿಕೊಳ್ಳುವಿಕೆಯಾಗಿದೆ.

- ಜೈವಿಕ ಹೊಂದಿಕೊಳ್ಳುವಿಕೆಗಳು: ಜೈವಿಕ ಹೊಂದಿಕೊಳ್ಳುವಿಕೆಗಳು ಜೀವಿಗಳ ದೇಹದ ಕಾರ್ಯಗಳಲ್ಲಿನ ಬದಲಾವಣೆಗಳನ್ನು ಒಳಗೊಂಡಿರುತ್ತವೆ. ಉದಾಹರಣೆಗೆ, ಮಲೇರಿಯಾದಿಂದ ರಕ್ಷಿಸಲು ಅನುವು ಮಾಡಿಕೊಡುವ ಕೆಲವು ಜನರಲ್ಲಿನ ರೋಗನಿರೋಧಕ ವ್ಯವಸ್ಥೆಯಲ್ಲಿನ ಬದಲಾವಣೆಯು ಜೈವಿಕ ಹೊಂದಿಕೊಳ್ಳುವಿಕೆಯಾಗಿದೆ.

- ನಡವಳಿಕೆಯ ಹೊಂದಿಕೊಳ್ಳುವಿಕೆಗಳು: ನಡವಳಿಕೆಯ ಹೊಂದಿಕೊಳ್ಳುವಿಕೆಗಳು ಜೀವಿಗಳ ನಡವಳಿಕೆಯಲ್ಲಿನ ಬದಲಾವಣೆಗಳನ್ನು ಒಳಗೊಂಡಿರುತ್ತವೆ. ಉದಾಹರಣೆಗೆ, ಹೆಚ್ಚು ಕಾಡಿನ ಪ್ರದೇಶಗಳಲ್ಲಿ ವಾಸಿಸುವ ಜಿಂಕೆಗಳು ಉಷ್ಣತೆಯನ್ನು ತಡೆದುಕೊಳ್ಳಲು ಹೆಚ್ಚು ತಣ್ಣನೆಯ ರಾತ್ರಿಯಲ್ಲಿ ಚಲಿಸುವ ನಡವಳಿಕೆಯನ್ನು ಅಭಿವೃದ್ಧಿಪಡಿಸಿವೆ.

ಜಾತಿ ರಚನೆ ಮತ್ತು ಜಾತಿಯ ಕಾರ್ಯವಿಧಾನಗಳು

ಪರಿಚಯ

ಜಾತಿಗಳು ಜೀವಂತ ಜೀವಿಗಳ ವೈವಿಧ್ಯತೆಯ ಮೂಲಭೂತ ಘಟಕಗಳಾಗಿವೆ. ಅವುಗಳನ್ನು ಸಾಮಾನ್ಯವಾಗಿ ಗುರುತಿಸಬಹುದಾದ ವೈಶಿಷ್ಟ್ಯಗಳು, ಒಂದೇ ಪರಿಸರದಲ್ಲಿ ಜೀವಿಸುವ ಸಾಮರ್ಥ್ಯ ಮತ್ತು ಪರಸ್ಪರ ಸಂತಾನೋತ್ಪತ್ತಿ ಮಾಡುವ ಸಾಮರ್ಥ್ಯದಿಂದ ನಿರೂಪಿಸಲಾಗುತ್ತದೆ.

ಜಾತಿಗಳ ರಚನೆ ಮತ್ತು ಕಾರ್ಯವಿಧಾನಗಳು ಜೀವಶಾಸ್ತ್ರದ ಅತ್ಯಂತ ಸಂಕೀರ್ಣ ಮತ್ತು ಚರ್ಚಾಸ್ಪದ ವಿಷಯಗಳಲ್ಲಿ ಒಂದಾಗಿದೆ. ಜಾತಿಗಳು ಹೇಗೆ ರೂಪುಗೊಳ್ಳುತ್ತವೆ ಮತ್ತು ಅವು ಹೇಗೆ ಕಾರ್ಯನಿರ್ವಹಿಸುತ್ತವೆ ಎಂಬುದರ ಕುರಿತು ವಿವಿಧ ಸಿದ್ಧಾಂತಗಳಿವೆ.

ಜಾತಿ ರಚನೆಯ ಸಿದ್ಧಾಂತಗಳು

ಜಾತಿ ರಚನೆಯ ಸಿದ್ಧಾಂತಗಳು ಜಾತಿಗಳ ರಚನೆಯನ್ನು ವಿವರಿಸಲು ಪ್ರಯತ್ನಿಸುತ್ತವೆ. ಈ ಸಿದ್ಧಾಂತಗಳಲ್ಲಿ ಕೆಲವು ಸಾಮಾನ್ಯವಾದವುಗಳೆಂದರೆ:

- ಸ್ಥಿರೀಕೃತ ವ್ಯತ್ಯಾಸದ ಸಿದ್ಧಾಂತ: ಈ ಸಿದ್ಧಾಂತದ ಪ್ರಕಾರ, ಜಾತಿಗಳು ಸ್ಥಿರೀಕೃತ ವ್ಯತ್ಯಾಸಗಳಿಂದ ರೂಪುಗೊಳ್ಳುತ್ತವೆ. ಈ ವ್ಯತ್ಯಾಸಗಳು ಜೀವಿಗಳ ನಡುವಿನ ಜನಸಂಖ್ಯಾ ವ್ಯತ್ಯಾಸಗಳಿಂದ ಉಂಟಾಗುತ್ತವೆ.

- ಪರಿಸರದ ಒತ್ತಡದ ಸಿದ್ಧಾಂತ: ಈ ಸಿದ್ಧಾಂತದ ಪ್ರಕಾರ, ಜಾತಿಗಳು ಪರಿಸರದ ಒತ್ತಡದಿಂದ ರೂಪುಗೊಳ್ಳುತ್ತವೆ. ಈ ಒತ್ತಡವು ಜೀವಿಗಳಲ್ಲಿ ಹೊಂದಿಕೊಳ್ಳುವಿಕೆಗಳಿಗೆ

ಕಾರಣವಾಗುತ್ತದೆ, ಇದು ಅಂತಿಮವಾಗಿ ಜಾತಿಗಳ ಉಗಮಕ್ಕೆ ಕಾರಣವಾಗುತ್ತದೆ.

- ಜನಸಂಖ್ಯಾ ವಿಕಸನದ ಸಿದ್ಧಾಂತ: ಈ ಸಿದ್ಧಾಂತದ ಪ್ರಕಾರ, ಜಾತಿಗಳು ಜನಸಂಖ್ಯಾ ವಿಕಸನದಿಂದ ರೂಪುಗೊಳ್ಳುತ್ತವೆ. ಈ ವಿಕಸನವು ಜೀವಿಗಳ ನಡುವಿನ ವ್ಯತ್ಯಾಸಗಳಿಗೆ ಕಾರಣವಾಗುತ್ತದೆ, ಇದು ಅಂತಿಮವಾಗಿ ಜಾತಿಗಳ ಉಗಮಕ್ಕೆ ಕಾರಣವಾಗುತ್ತದೆ.

ಜಾತಿಯ ಕಾರ್ಯವಿಧಾನಗಳು

ಜಾತಿಯ ಕಾರ್ಯವಿಧಾನಗಳು ಜಾತಿಗಳು ಹೇಗೆ ಕಾರ್ಯನಿರ್ವಹಿಸುತ್ತವೆ ಎಂಬುದನ್ನು ವಿವರಿಸುತ್ತವೆ. ಈ ಕಾರ್ಯವಿಧಾನಗಳಲ್ಲಿ ಕೆಲವು ಸಾಮಾನ್ಯವಾದವುಗಳೆಂದರೆ:

- ಜೀವಿಗಳ ನಡುವಿನ ಸಂವಹನವನ್ನು ಸುಧಾರಿಸುವುದು: ಜಾತಿಗಳು ಜೀವಿಗಳ ನಡುವಿನ ಸಂವಹನವನ್ನು ಸುಧಾರಿಸುವ ಮೂಲಕ ಅವುಗಳ ಉಳಿವಿಗೆ ಸಹಾಯ ಮಾಡುತ್ತದೆ. ಉದಾಹರಣೆಗೆ, ಜಾತಿಗಳು ಜೀವಿಗಳಿಗೆ ಪರಸ್ಪರ ಗುರುತಿಸಲು ಮತ್ತು ಸಂಭೋಗಿಸಲು ಸಹಾಯ ಮಾಡುತ್ತದೆ.

- ಜೀವಿಗಳಿಗೆ ಪರಿಸರಕ್ಕೆ ಹೊಂದಿಕೊಳ್ಳಲು ಸಹಾಯ ಮಾಡುವುದು: ಜಾತಿಗಳು ಜೀವಿಗಳಿಗೆ ಪರಿಸರಕ್ಕೆ ಹೊಂದಿಕೊಳ್ಳಲು ಸಹಾಯ ಮಾಡುವ ಮೂಲಕ ಅವುಗಳ ಉಳಿವಿಗೆ ಸಹಾಯ ಮಾಡುತ್ತದೆ.

ಸಮಾನಾಂತರ ವಿಕಾಸ ಮತ್ತು ನೈಸರ್ಗಿಕ ಪ್ರಪಂಚದಲ್ಲಿ ಸಮಾನತೆಗಳು

ಪರಿಚಯ

ಸಮಾನಾಂತರ ವಿಕಾಸ ಎನ್ನುವುದು ವಿಭಿನ್ನ ಪೂರ್ವಜರಿಂದ ಬಂದ ಎರಡು ಜೀವಿಗಳು ಒಂದೇ ರೀತಿಯ ಲಕ್ಷಣಗಳನ್ನು ಅಭಿವೃದ್ಧಿಪಡಿಸುವ ಪ್ರಕ್ರಿಯೆಯಾಗಿದೆ. ಈ ಪ್ರಕ್ರಿಯೆಯು ನೈಸರ್ಗಿಕ ಆಯ್ಕೆಯಿಂದ ಪ್ರಭಾವಿತವಾಗಿರುತ್ತದೆ, ಇದು ಒಂದೇ ಪರಿಸರದಲ್ಲಿ ಯಶಸ್ವಿಯಾಗಲು ಅನುಕೂಲಕರವಾದ ಲಕ್ಷಣಗಳನ್ನು ಹೊಂದಿರುವ ಜೀವಿಗಳಿಗೆ ಸಹಾಯ ಮಾಡುತ್ತದೆ.

ಸಮಾನಾಂತರ ವಿಕಾಸವು ನೈಸರ್ಗಿಕ ಪ್ರಪಂಚದಲ್ಲಿ ಸಾಮಾನ್ಯವಾಗಿ ಕಂಡುಬರುತ್ತದೆ. ಉದಾಹರಣೆಗೆ, ಆಸ್ಟ್ರೇಲಿಯಾ ಮತ್ತು ಅಮೆರಿಕದಲ್ಲಿ ಸ್ವತಂತ್ರವಾಗಿ ಅಭಿವೃದ್ಧಿ ಹೊಂದಿದ ಕೆಲವು ಜೀವಿಗಳು ಒಂದೇ ರೀತಿಯ ಲಕ್ಷಣಗಳನ್ನು ಹೊಂದಿವೆ. ಉದಾಹರಣೆಗೆ, ಆಸ್ಟ್ರೇಲಿಯಾದ ಡ್ರಾಗನ್ ಫ್ಲೈ ಮತ್ತು ಅಮೆರಿಕದ ಚೆನ್ನಲ್ ಬ್ಯಾಕ್ ಟ್ಯಾಲ್ಮಾನ್ ಎರಡೂ ಸರೋವರಗಳಲ್ಲಿ ವಾಸಿಸುತ್ತವೆ ಮತ್ತು ಎರಡೂ ಜೀವಿಗಳಿಗೆ ಗಾಳಿಯನ್ನು ಉಸಿರಾಡಲು ನೀರಿನ ಮೇಲೆ ಒಡಲು ಸಾಧ್ಯವಾಗುತ್ತದೆ.

ಸಮಾನಾಂತರ ವಿಕಾಸದ ಉದಾಹರಣೆಗಳು

ಸಮಾನಾಂತರ ವಿಕಾಸದ ಅನೇಕ ಉದಾಹರಣೆಗಳಿವೆ. ಕೆಲವು ಉದಾಹರಣೆಗಳು ಇಲ್ಲಿವೆ:

- ಆಸ್ಟ್ರೇಲಿಯಾದ ಡ್ರಾಗನ್ ಫ್ಲೈ ಮತ್ತು ಅಮೆರಿಕದ ಚೆನ್ನಲ್ ಬ್ಯಾಕ್ ಟ್ಯಾಲ್ಮಾನ್

- ಆಸ್ಟ್ರೇಲಿಯಾದ ಗೂಬೆ ಮೀನು ಮತ್ತು ಅಮೆರಿಕದ ಗೂಬೆ ಮೀನು

- ಆಸ್ಟ್ರೇಲಿಯಾದ ಡಾಲರ್ ಪಕ್ಷಿ ಮತ್ತು ಅಮೆರಿಕದ ಡಾಲರ್ ಪಕ್ಷಿ

- ಆಸ್ಟ್ರೇಲಿಯಾದ ಈಗಲೂಟ್ ಮತ್ತು ಅಮೆರಿಕದ ಈಗಲೂಟ್

ಸಮಾನಾಂತರ ವಿಕಾಸದ ಕಾರಣಗಳು

ಸಮಾನಾಂತರ ವಿಕಾಸದ ಹಲವಾರು ಕಾರಣಗಳಿವೆ. ಕೆಲವು ಸಾಮಾನ್ಯ ಕಾರಣಗಳು ಇಲ್ಲಿವೆ:

- ಸಮಾನವಾದ ಪರಿಸರದ ಒತ್ತಡ: ಒಂದೇ ರೀತಿಯ ಪರಿಸರದಲ್ಲಿ ವಾಸಿಸುವ ಜೀವಿಗಳು ಒಂದೇ ರೀತಿಯ ಒತ್ತಡಗಳನ್ನು ಎದುರಿಸುತ್ತವೆ. ಈ ಒತ್ತಡಗಳು ಜೀವಿಗಳಲ್ಲಿ ಸಮಾನವಾದ ಹೊಂದಿಕೊಳ್ಳುವಿಕೆಗಳಿಗೆ ಕಾರಣವಾಗಬಹುದು.

- ಸಮಾನವಾದ ಆನುವಂಶಿಕ ವಸ್ತು: ಜೀವಿಗಳು ಸಾಮಾನ್ಯ ಪೂರ್ವಜರಿಂದ ಬಂದರೆ, ಅವುಗಳಿಗೆ ಸಮಾನವಾದ ಆನುವಂಶಿಕ ವಸ್ತುವನ್ನು ಹೊಂದಿರಬಹುದು. ಈ ಆನುವಂಶಿಕ ವಸ್ತುವು ಜೀವಿಗಳಲ್ಲಿ ಸಮಾನವಾದ ಹೊಂದಿಕೊಳ್ಳುವಿಕೆಗಳಿಗೆ ಕಾರಣವಾಗಬಹುದು.

ಸಮಾನಾಂತರ ವಿಕಾಸದ ಪ್ರಾಮುಖ್ಯತೆ

ಸಮಾನಾಂತರ ವಿಕಾಸವು ನೈಸರ್ಗಿಕ ಆಯ್ಕೆಯ ಮಹತ್ವವನ್ನು ತೋರಿಸುತ್ತದೆ. ಈ ಪ್ರಕ್ರಿಯೆಯು ವಿಭಿನ್ನ ಪೂರ್ವಜರಿಂದ ಬಂದ ಎರಡು ಜೀವಿಗಳು ಒಂದೇ ರೀತಿಯ ಲಕ್ಷಣಗಳನ್ನು ಅಭಿವೃದ್ಧಿಪಡಿಸಲು ಸಹಾಯ ಮಾಡುತ್ತದೆ. ಇದು ನೈಸರ್ಗಿಕ

ಸಹವಿಕಾಸ ಮತ್ತು ಪರಸ್ಪರತೆಯನ್ನು ತನಿಖೆ ಮಾಡುವುದು

ಪರಿಚಯ

ಸಹವಿಕಾಸ ಎನ್ನುವುದು ಎರಡು ಅಥವಾ ಹೆಚ್ಚು ಜೀವಿಗಳ ನಡುವಿನ ಪರಸ್ಪರ ಕ್ರಿಯೆಯಿಂದ ಉಂಟಾಗುವ ವಿಕಾಸದ ಪ್ರಕ್ರಿಯೆಯಾಗಿದೆ. ಈ ಪರಸ್ಪರ ಕ್ರಿಯೆಯು ಜೀವಿಗಳಲ್ಲಿ ಹೊಂದಿಕೊಳ್ಳುವಿಕೆಗಳಿಗೆ ಕಾರಣವಾಗುತ್ತದೆ, ಇದು ಅವುಗಳ ಉಳಿವಿಗೆ ಮತ್ತು ಸಂತಾನೋತ್ಪತ್ತಿಗೆ ಸಹಾಯ ಮಾಡುತ್ತದೆ.

ಪರಸ್ಪರತೆ ಎನ್ನುವುದು ಎರಡು ಅಥವಾ ಹೆಚ್ಚು ಜೀವಿಗಳ ನಡುವಿನ ಪರಸ್ಪರ ಪ್ರಯೋಜನಕಾರಿ ಸಂಬಂಧವಾಗಿದೆ. ಈ ಸಂಬಂಧವು ಎರಡೂ ಜೀವಿಗಳಿಗೆ ಅನುಕೂಲಕರವಾಗಿರುತ್ತದೆ.

ಸಹವಿಕಾಸ ಮತ್ತು ಪರಸ್ಪರತೆಯನ್ನು ತನಿಖೆ ಮಾಡಲು ವಿವಿಧ ವಿಧಾನಗಳನ್ನು ಬಳಸಬಹುದು. ಕೆಲವು ಸಾಮಾನ್ಯ ವಿಧಾನಗಳು ಇಲ್ಲಿವೆ:

- ಜೀವಶಾಸ್ತ್ರೀಯ ಅವಶೇಷಗಳು: ಜೀವಶಾಸ್ತ್ರೀಯ ಅವಶೇಷಗಳು ಜೀವಿಗಳ ಅನುವಂಶಿಕ ವಸ್ತುವನ್ನು ನಮಗೆ ಒದಗಿಸುತ್ತವೆ. ಈ ಅವಶೇಷಗಳನ್ನು ವಿಶ್ಲೇಷಿಸುವ ಮೂಲಕ, ನಾವು ಜೀವಿಗಳ ನಡುವಿನ ಪರಸ್ಪರ ಕ್ರಿಯೆಯ ಪ್ರಭಾವವನ್ನು ಅರ್ಥಮಾಡಿಕೊಳ್ಳಬಹುದು.

- ಜೀವಶಾಸ್ತ್ರೀಯ ಗುಣಲಕ್ಷಣಗಳು: ಜೀವಶಾಸ್ತ್ರೀಯ ಗುಣಲಕ್ಷಣಗಳು ಜೀವಿಗಳ ನಡುವಿನ ಪರಸ್ಪರ ಕ್ರಿಯೆಯ ಪ್ರಭಾವವನ್ನು ನಮಗೆ ತೋರಿಸುತ್ತವೆ. ಉದಾಹರಣೆಗೆ, ಒಂದು ಜೀವಿ ಇನ್ನೊಂದು ಜೀವಿಯನ್ನು ಆಹಾರವಾಗಿ ಬಳಸುತ್ತಿದ್ದರೆ, ಆ ಜೀವಿಗಳ ನಡುವೆ ಪರಭಕ್ಷಕ-ಬೇಟೆಯ ಸಂಬಂಧವಿರುತ್ತದೆ.

- ಜೀವನಶೈಲಿಗಳು: ಜೀವನಶೈಲಿಗಳು ಜೀವಿಗಳ ನಡುವಿನ ಪರಸ್ಪರ ಕ್ರಿಯೆಯ ಪ್ರಭಾವವನ್ನು ನಮಗೆ ತೋರಿಸುತ್ತವೆ. ಉದಾಹರಣೆಗೆ, ಎರಡು ಜೀವಿಗಳು ಒಂದೇ ಪರಿಸರದಲ್ಲಿ ವಾಸಿಸುತ್ತಿದ್ದರೆ ಮತ್ತು ಪರಸ್ಪರ ಹೊಂದಿಕೊಳ್ಳಬೇಕಾದರೆ, ಅವುಗಳ ನಡುವೆ ಪರಸ್ಪರತೆಯ ಸಂಬಂಧವಿರುತ್ತದೆ.

ಸಹವಿಕಾಸ ಮತ್ತು ಪರಸ್ಪರತೆಯ ಉದಾಹರಣೆಗಳು

ಸಹವಿಕಾಸ ಮತ್ತು ಪರಸ್ಪರತೆಯ ಅನೇಕ ಉದಾಹರಣೆಗಳಿವೆ. ಕೆಲವು ಉದಾಹರಣೆಗಳು ಇಲ್ಲಿವೆ:

- ಫ್ಲೋರ ಮತ್ತು ಫಾನಾ: ಫ್ಲೋರ ಮತ್ತು ಫಾನಾ ಎನ್ನುವುದು ಸಸ್ಯಗಳು ಮತ್ತು ಪ್ರಾಣಿಗಳ ನಡುವಿನ ಪರಸ್ಪರ ಕ್ರಿಯೆಯಾಗಿದೆ. ಈ ಪರಸ್ಪರ ಕ್ರಿಯೆಯು ಎರಡೂ ಜೀವಿಗಳಿಗೆ ಅನುಕೂಲಕರವಾಗಿದೆ. ಸಸ್ಯಗಳು ಪ್ರಾಣಿಗಳಿಗೆ ಆಹಾರ ಮತ್ತು ಆಶ್ರಯವನ್ನು ಒದಗಿಸುತ್ತವೆ, ಪ್ರಾಣಿಗಳು ಸಸ್ಯಗಳ ಬೀಜಗಳನ್ನು ಹರಡಲು ಸಹಾಯ ಮಾಡುತ್ತವೆ.

- ಮಕರಂದ ಮತ್ತು ಪರಾಗಸ್ಪರ್ಶ: ಮಕರಂದ ಮತ್ತು ಪರಾಗಸ್ಪರ್ಶ ಎನ್ನುವುದು ಹೂವುಗಳು ಮತ್ತು ಪರಾಗಸ್ಪರ್ಶಕಗಳ ನಡುವಿನ ಪರಸ್ಪರ ಕ್ರಿಯೆಯಾಗಿದೆ. ಈ ಪರಸ್ಪರ ಕ್ರಿಯೆಯು ಎರಡೂ ಜೀವಿಗಳಿಗೆ ಅನುಕೂಲಕರವಾಗಿದೆ. ಹೂವುಗಳು ಪರಾಗಸ್ಪರ್ಶಕಗಳಿಗೆ ಆಹಾರವನ್ನು

Chapter 5: Beyond the Individual - Population   Genetics

ಅಧ್ಯಾಯ 5: ವೈಯಕ್ತಿಕತೆಯ ಆಚೆಗೆ - ಜನಸಂಖ್ಯೆ ಜಿನೆಟಿಕ್ಸ್

ಹಾರ್ಡಿ-ವೈನ್‌ಬರ್ಗ್ ಸಮತೋಲನ ಮತ್ತು ಜೀನ್ ಕಂಪನಗಳ ಅರ್ಥಮಾಡಿಕೆ

ಪರಿಚಯ

ಹಾರ್ಡಿ-ವೈನ್‌ಬರ್ಗ್ ಸಮತೋಲನ ಎನ್ನುವುದು ಒಂದು ಜನಸಂಖ್ಯೆಯಲ್ಲಿ ಜೀನ್‌ಗಳ ಪ್ರಮಾಣವು ಕಾಲಾನಂತರದಲ್ಲಿ ಸ್ಥಿರವಾಗಿರುತ್ತದೆ ಎಂಬ ಸಿದ್ಧಾಂತವಾಗಿದೆ. ಈ ಸಿದ್ಧಾಂತವು ಜೀನ್‌ಗಳ ನಡುವಿನ ಸಂಯೋಜನೆಗಳು ಮತ್ತು ಜೀನ್‌ಗಳ ಪುನರಾವರ್ತನೆಯು ಸ್ಥಿರವಾಗಿರುತ್ತದೆ ಎಂದು ಊಹಿಸುತ್ತದೆ.

ಜೀನ್ ಕಂಪನಗಳು ಎನ್ನುವುದು ಜೀವಕೋಶದ ನ್ಯೂಕ್ಲಿಯಸ್‌ನಲ್ಲಿರುವ ಡಿಎನ್‌ಎಯ ತುಣುಕುಗಳಾಗಿವೆ. ಜೀನ್ ಕಂಪನಗಳು ಜೀವಿಗಳ ಗುಣಲಕ್ಷಣಗಳನ್ನು ನಿರ್ಧರಿಸುವ ಪ್ರೋಟೀನ್‌ಗಳನ್ನು ಸಂಶ್ಲೇಷಿಸುವ ಮಾಹಿತಿಯನ್ನು ಒಳಗೊಂಡಿರುತ್ತವೆ.

ಹಾರ್ಡಿ-ವೈನ್‌ಬರ್ಗ್ ಸಮತೋಲನ ಮತ್ತು ಜೀನ್ ಕಂಪನಗಳನ್ನು ಅರ್ಥಮಾಡಿಕೊಳ್ಳುವುದು ವಿಕಸನವನ್ನು ಅರ್ಥಮಾಡಿಕೊಳ್ಳಲು ಮುಖ್ಯವಾಗಿದೆ. ಈ ಸಿದ್ಧಾಂತಗಳು ಜೀವಿಗಳಲ್ಲಿ ಹೊಸ ಲಕ್ಷಣಗಳು ಹೇಗೆ ಕಾಣಿಸಿಕೊಳ್ಳುತ್ತವೆ ಮತ್ತು ಜೀವಿಗಳ ನಡುವಿನ ವೈವಿಧ್ಯತೆಯು ಹೇಗೆ ಬೆಳೆಯುತ್ತದೆ ಎಂಬುದನ್ನು ವಿವರಿಸಲು ಸಹಾಯ ಮಾಡುತ್ತದೆ.

ಹಾರ್ಡಿ-ವೈನ್‌ಬರ್ಗ್ ಸಮತೋಲನ

ಹಾರ್ಡಿ-ವೈನ್‌ಬರ್ಗ್ ಸಮತೋಲನವು ಈ ಕೆಳಗಿನ ಊಹೆಗಳನ್ನು ಆಧರಿಸಿದೆ:

- ಜೀನಸಂಖ್ಯೆಯು ದೊಡ್ಡದಾಗಿದೆ.
- ಜೀನ್‌ಗಳು ಪರಸ್ಪರವಾಗಿ ಸ್ವತಂತ್ರುವಾಗಿ ಸಂಯೋಜಿಸಲ್ಪಡುತ್ತವೆ.
- ಜೀನ್‌ಗಳ ಪುನರಾವರ್ತನೆ ಸ್ಥಿರವಾಗಿರುತ್ತದೆ.

ಈ ಊಹೆಗಳ ಆಧಾರದ ಮೇಲೆ, ಹಾರ್ಡಿ-ವೈನ್‌ಬರ್ಗ್ ಸಮತೋಲನವು ಜೀನ್‌ಗಳ ಪ್ರಮಾಣವು ಕಾಲಾನಂತರದಲ್ಲಿ ಸ್ಥಿರವಾಗಿರುತ್ತದೆ ಎಂದು ಊಹಿಸುತ್ತದೆ. ಉದಾಹರಣೆಗೆ, ಒಂದು ಜೀನಸಂಖ್ಯೆಯಲ್ಲಿ 50% ಜೀನ್‌ಗಳು A ರೂಪವನ್ನು ಹೊಂದಿದ್ದರೆ ಮತ್ತು 50% ಜೀನ್‌ಗಳು B ರೂಪವನ್ನು ಹೊಂದಿದ್ದರೆ, ಹಾರ್ಡಿ-ವೈನ್‌ಬರ್ಗ್ ಸಮತೋಲನದ ಪ್ರಕಾರ, ಈ ಪ್ರಮಾಣಗಳು ಕಾಲಾನಂತರದಲ್ಲಿ ಬದಲಾಗುವುದಿಲ್ಲ.

ಹಾರ್ಡಿ-ವೈನ್‌ಬರ್ಗ್ ಸಮತೋಲನವು ವಿಕಸನಕ್ಕೆ ಮುಖ್ಯವಾಗಿದೆ ಏಕೆಂದರೆ ಇದು ಜೀವಿಗಳಲ್ಲಿ ಹೊಸ ಲಕ್ಷಣಗಳು ಹೇಗೆ ಕಾಣಿಸಿಕೊಳ್ಳುತ್ತವೆ ಎಂಬುದನ್ನು ವಿವರಿಸಲು ಸಹಾಯ ಮಾಡುತ್ತದೆ. ಉದಾಹರಣೆಗೆ, ಒಂದು ಜೀನಸಂಖ್ಯೆಯಲ್ಲಿ A ರೂಪವು B ರೂಪಕ್ಕಿಂತ ಹೆಚ್ಚು ಪ್ರಯೋಜನಕರವಾಗಿದ್ದರೆ, A ರೂಪವು ಹೆಚ್ಚು ಸಾಮಾನ್ಯವಾಗುತ್ತದೆ. ಇದು ನೈಸರ್ಗಿಕ ಆಯ್ಕೆಯ ಪ್ರಕ್ರಿಯೆಯಾಗಿದೆ.

ಜೆನೆಟಿಕ್ ಡ್ರಿಫ್ಟ್ ಮತ್ತು ಸಣ್ಣ ಸಮುದಾಯಗಳಲ್ಲಿ ಅದರ ಪಾತ್ರ

ಪರಿಚಯ

ಜೆನೆಟಿಕ್ ಡ್ರಿಫ್ಟ್ ಎನ್ನುವುದು ಒಂದು ಜನಸಂಖ್ಯೆಯಲ್ಲಿ ಜೀನ್‌ಗಳ ಪ್ರಮಾಣವು ಕಾಲಾನಂತರದಲ್ಲಿ ನೈಸರ್ಗಿಕ ಆಯ್ಕೆಯಿಲ್ಲದೆ ಬದಲಾಗುವ ಪ್ರಕ್ರಿಯೆಯಾಗಿದೆ. ಈ ಬದಲಾವಣೆಗಳು ಯಾದೃಚ್ಛಿಕವಾಗಿರುತ್ತವೆ ಮತ್ತು ಜೀನಸಂಖ್ಯೆಯ ಗಾತ್ರ, ವಲಸೆ ಮತ್ತು ಸಂಭೋಗದ ನಡವಳಿಕೆಯ ಮೇಲೆ ಅವಲಂಬಿತವಾಗಿರುತ್ತವೆ.

ಸಣ್ಣ ಸಮುದಾಯಗಳು ಜೆನೆಟಿಕ್ ಡ್ರಿಫ್ಟ್‌ಗೆ ಹೆಚ್ಚು ಒಳಗಾಗುತ್ತವೆ. ಇದಕ್ಕೆ ಕಾರಣಗಳು ಹಲವು. ಸಣ್ಣ ಸಮುದಾಯಗಳು ಸಾಮಾನ್ಯವಾಗಿ ದೊಡ್ಡ ಸಮುದಾಯಗಳಿಗಿಂತ ಕಡಿಮೆ ವೈವಿಧ್ಯತೆಯನ್ನು ಹೊಂದಿರುತ್ತವೆ. ಇದರರ್ಥ, ಒಂದು ಜೀನ್‌ನ ಅಪರೂಪದ ರೂಪವು ಸಣ್ಣ ಸಮುದಾಯದಲ್ಲಿ ಹೆಚ್ಚು ಸಾಮಾನ್ಯವಾಗಬಹುದು.

ಸಣ್ಣ ಸಮುದಾಯಗಳಲ್ಲಿ ಜೆನೆಟಿಕ್ ಡ್ರಿಫ್ಟ್‌ನ ಪಾತ್ರವು ವಿಕಸನದಲ್ಲಿ ಮುಖ್ಯವಾಗಿದೆ. ಇದು ಹೊಸ ಲಕ್ಷಣಗಳ ಹೊರಹೊಮ್ಮುವಿಕೆಗೆ ಕಾರಣವಾಗಬಹುದು ಮತ್ತು ಜೀವಿಗಳ ನಡುವಿನ ವೈವಿಧ್ಯತೆಯನ್ನು ಹೆಚ್ಚಿಸಬಹುದು.

ಸಣ್ಣ ಸಮುದಾಯಗಳಲ್ಲಿ ಜೆನೆಟಿಕ್ ಡ್ರಿಫ್ಟ್‌ನ ಉದಾಹರಣೆಗಳು

ಸಣ್ಣ ಸಮುದಾಯಗಳಲ್ಲಿ ಜೆನೆಟಿಕ್ ಡ್ರಿಫ್ಟ್‌ನ ಅನೇಕ ಉದಾಹರಣೆಗಳಿವೆ. ಉದಾಹರಣೆಗೆ, ಗ್ರೀನ್‌ಲ್ಯಾಂಡ್‌ನಲ್ಲಿರುವ ಒಂದು ಸಣ್ಣ ಗ್ರಾಮದಲ್ಲಿ, ಒಂದು ನಿರ್ದಿಷ್ಟ ರೀತಿಯ ಕಣ್ಣಿನ ಬಣ್ಣವು ಹೆಚ್ಚು ಸಾಮಾನ್ಯವಾಗಿದೆ. ಇದು ಈ ಗ್ರಾಮವು ದೊಡ್ಡ

ಸಮುದಾಯಗಳಿಗಿಂತ ಕಡಿಮೆ ವೈವಿಧ್ಯತೆಯನ್ನು ಹೊಂದಿರುವುದರಿಂದ ಮತ್ತು ಒಂದು ನಿರ್ದಿಷ್ಟ ರೀತಿಯ ಕಣ್ಣಿನ ಬಣ್ಣವನ್ನು ಹೊಂದಿರುವ ಜನರು ಹೆಚ್ಚು ಸಾಧ್ಯತೆಯಿಂದ ಒಟ್ಟಿಗೆ ಸಂತಾನೋತ್ಪತ್ತಿ ಮಾಡುವುದರಿಂದಾಗಿ ಸಂಭವಿಸಬಹುದು.

ಇನ್ನೊಂದು ಉದಾಹರಣೆ ಎಂದರೆ ಫಿಜಿ ದ್ವೀಪಗಳಲ್ಲಿರುವ ಒಂದು ಸಣ್ಣ ಸಮುದಾಯದಲ್ಲಿ, ಒಂದು ನಿರ್ದಿಷ್ಟ ರೀತಿಯ ರಕ್ತದ ಗುಂಪು ಹೆಚ್ಚು ಸಾಮಾನ್ಯವಾಗಿದೆ. ಇದು ಈ ದ್ವೀಪಗಳು ದೊಡ್ಡ ಭೂಖಂಡಗಳಿಂದ ಪ್ರತ್ಯೇಕವಾಗಿರುವ ಕಾರಣ ಮತ್ತು ಈ ದ್ವೀಪಗಳಿಗೆ ಆಗಾಗ್ಗೆ ಹೊಸ ಜನರು ಬರುತ್ತಿಲ್ಲ ಎಂಬ ಕಾರಣದಿಂದಾಗಿ ಸಂಭವಿಸಬಹುದು.

ಸಣ್ಣ ಸಮುದಾಯಗಳಲ್ಲಿ ಜೆನೆಟಿಕ್ ಡ್ರಿಫ್ಟನ ಪರಿಣಾಮಗಳು

ಸಣ್ಣ ಸಮುದಾಯಗಳಲ್ಲಿ ಜೆನೆಟಿಕ್ ಡ್ರಿಫ್ಟನ ಪರಿಣಾಮಗಳು ವ್ಯಾಪಕವಾಗಿರಬಹುದು.

ಜನಸಂಖ್ಯೆ ಬಾಟಲ್‌ನೆಕ್‌ಗಳು ಮತ್ತು ಸ್ಥಾಪಕ ಪರಿಣಾಮಗಳು

ಪರಿಚಯ

ಜನಸಂಖ್ಯೆ ಬಾಟಲ್‌ನೆಕ್‌ಗಳು ಮತ್ತು ಸ್ಥಾಪಕ ಪರಿಣಾಮಗಳು ಎರಡೂ ಜೀವಶಾಸ್ತ್ರದಲ್ಲಿನ ಪ್ರಮುಖ ಪರಿಕಲ್ಪನೆಗಳಾಗಿವೆ. ಜನಸಂಖ್ಯೆ ಬಾಟಲ್‌ನೆಕ್ ಎನ್ನುವುದು ಒಂದು ಜನಸಂಖ್ಯೆಯು ತೀವ್ರವಾದ ಸಂಕುಚಿತತೆಗೆ ಒಳಗಾಗುವ ಘಟನೆಯಾಗಿದೆ. ಸ್ಥಾಪಕ ಪರಿಣಾಮ ಎನ್ನುವುದು ಜನಸಂಖ್ಯೆಯ ಈ ಸಂಕುಚಿತತೆಯು ಜೀನ್‌ಗಳ ಪ್ರಮಾಣದಲ್ಲಿ ಯಾದೃಚ್ಛಿಕ ಬದಲಾವಣೆಗಳಿಗೆ ಕಾರಣವಾಗುವ ಪ್ರಕ್ರಿಯೆಯಾಗಿದೆ.

ಜನಸಂಖ್ಯೆ ಬಾಟಲ್‌ನೆಕ್‌ಗಳು ಮತ್ತು ಸ್ಥಾಪಕ ಪರಿಣಾಮಗಳು ವಿಕಸನದಲ್ಲಿ ಪ್ರಮುಖ ಪಾತ್ರವನ್ನು ವಹಿಸುತ್ತವೆ. ಅವು ಹೊಸ ಲಕ್ಷಣಗಳ ಹೊರಹೊಮ್ಮುವಿಕೆಗೆ ಕಾರಣವಾಗಬಹುದು ಮತ್ತು ಜೀವಿಗಳ ನಡುವಿನ ವೈವಿಧ್ಯತೆಯನ್ನು ಹೆಚ್ಚಿಸಬಹುದು.

ಜನಸಂಖ್ಯೆ ಬಾಟಲ್‌ನೆಕ್‌ಗಳು

ಜನಸಂಖ್ಯೆ ಬಾಟಲ್‌ನೆಕ್‌ಗಳು ವಿವಿಧ ಕಾರಣಗಳಿಂದ ಸಂಭವಿಸಬಹುದು. ಕೆಲವು ಸಾಮಾನ್ಯ ಕಾರಣಗಳು ಇಲ್ಲಿವೆ:

- ಪರಿಸರ ವಿನಾಶ: ಒಂದು ಜನಸಂಖ್ಯೆಯು ಪರಿಸರ ವಿನಾಶದಿಂದಾಗಿ ಅಥವಾ ಒಂದು ಪ್ರದೇಶದಿಂದ ಇನ್ನೊಂದಕ್ಕೆ ವಲಸೆ ಹೋಗುವ ಮೂಲಕ ತನ್ನ ವಾಸಸ್ಥಳದ ಬಹುಭಾಗವನ್ನು ಕಳೆದುಕೊಂಡರೆ, ಅದು ಜನಸಂಖ್ಯೆ ಬಾಟಲ್‌ನೆಕ್‌ಗೆ ಒಳಗಾಗಬಹುದು.

- ನೈಸರ್ಗಿಕ ವಿಕೋಪಗಳು: ಒಂದು ಜನಸಂಖ್ಯೆಯು ಒಂದು ಪ್ರವಾಹ, ಭೂಕಂಪ ಅಥವಾ ಇತರ ನೈಸರ್ಗಿಕ ವಿಕೋಪದಿಂದ ತೀವ್ರವಾಗಿ ಸಾಯುತ್ತದೆ, ಅದು ಜನಸಂಖ್ಯೆ ಬಾಟಲ್‌ನೆಕ್‌ಗೆ ಒಳಗಾಗಬಹುದು.

- ವೈರಸ್ ಅಥವಾ ಬ್ಯಾಕ್ಟೀರಿಯಾದ ಸೋಂಕು: ಒಂದು ಜನಸಂಖ್ಯೆಯು ವೈರಸ್ ಅಥವಾ ಬ್ಯಾಕ್ಟೀರಿಯಾದ ಸೋಂಕಿಗೆ ತುತ್ತಾದರೆ, ಅದು ಜನಸಂಖ್ಯೆ ಬಾಟಲ್‌ನೆಕ್‌ಗೆ ಒಳಗಾಗಬಹುದು.

ಜನಸಂಖ್ಯೆ ಬಾಟಲ್‌ನೆಕ್‌ನಲ್ಲಿ, ಜನಸಂಖ್ಯೆಯ ಒಂದು ಸಣ್ಣ ಭಾಗವು ಮಾತ್ರ ಬದುಕುಳಿಯುತ್ತದೆ. ಈ ಸಣ್ಣ ಭಾಗವು ಜನಸಂಖ್ಯೆಯ ಹೊಸ ಪೀಳಿಗೆಯನ್ನು ರೂಪಿಸುತ್ತದೆ. ಈ ಹೊಸ ಪೀಳಿಗೆಯು ಜನಸಂಖ್ಯೆಯ ಮೂಲ ಜೀನ್‌ಗಳ ಪ್ರಮಾಣವನ್ನು ಪ್ರತಿನಿಧಿಸುವುದಿಲ್ಲ. ಬದಲಾಗಿ, ಅದು ಜನಸಂಖ್ಯೆಯ ಈ ಸಣ್ಣ ಭಾಗದಲ್ಲಿ ಮಾತ್ರ ಕಂಡುಬರುವ ಜೀನ್‌ಗಳ ಪ್ರಮಾಣವನ್ನು ಪ್ರತಿನಿಧಿಸುತ್ತದೆ.

ಸ್ಥಾಪಕ ಪರಿಣಾಮಗಳು

ಜನಸಂಖ್ಯೆ ಬಾಟಲ್‌ನೆಕ್‌ನ ನಂತರ, ಜೀನ್‌ಗಳ ಪ್ರಮಾಣದಲ್ಲಿ ಯಾದೃಚ್ಛಿಕ ಬದಲಾವಣೆಗಳು ಸಂಭವಿಸಬಹುದು. ಈ ಬದಲಾವಣೆಗಳನ್ನು ಸ್ಥಾಪಕ ಪರಿಣಾಮಗಳು ಎಂದು ಕರೆಯುತ್ತಾರೆ.

ಸಂರಕ್ಷಣಾ ಜಿನೆಟಿಕ್ಸ್ ಮತ್ತು ಜೈವಿಕ ವೈವಿಧ್ಯತೆಯನ್ನು ಉಳಿಸುವುದು

ಪರಿಚಯ

ಜೈವಿಕ ವೈವಿಧ್ಯತೆಯು ಜೀವಿಗಳ ನಡುವಿನ ವೈವಿಧ್ಯತೆಯನ್ನು ಸೂಚಿಸುತ್ತದೆ. ಇದು ಜೀವಿಗಳ ವಿಭಿನ್ನ ಜಾತಿಗಳು, ಪ್ರಭೇದಗಳು ಮತ್ತು ಆವಾಸಸ್ಥಳಗಳನ್ನು ಒಳಗೊಂಡಿದೆ. ಜೈವಿಕ ವೈವಿಧ್ಯತೆಯು ಪ್ರಮುಖವಾಗಿದೆ ಏಕೆಂದರೆ ಇದು ನಮ್ಮ ಪರಿಸರದ ಆರೋಗ್ಯ ಮತ್ತು ಸಮತೋಲನಕ್ಕೆ ಅಗತ್ಯವಾಗಿರುತ್ತದೆ.

ಸಂರಕ್ಷಣಾ ಜಿನೆಟಿಕ್ಸ್ ಎನ್ನುವುದು ಜೀವಶಾಸ್ತ್ರದ ಒಂದು ಶಾಖೆಯಾಗಿದ್ದು ಅದು ಜೀವಿಗಳ ವೈವಿಧ್ಯತೆಯನ್ನು ರಕ್ಷಿಸಲು ಮತ್ತು ಉತ್ತೇಜಿಸಲು ಜೀನ್‌ಗಳ ಅಧ್ಯಯನವನ್ನು ಬಳಸುತ್ತದೆ. ಸಂರಕ್ಷಣಾ ಜಿನೆಟಿಕ್ಸನ ಉದ್ದೇಶವೆಂದರೆ ಜೈವಿಕ ವೈವಿಧ್ಯತೆಯನ್ನು ಉಳಿಸಲು ಮತ್ತು ನಮ್ಮ ಪರಿಸರಕ್ಕೆ ಅದರ ಪ್ರಯೋಜನಗಳನ್ನು ಕಾಪಾಡಿಕೊಳ್ಳಲು ಸಹಾಯ ಮಾಡುವುದು.

ಸಂರಕ್ಷಣಾ ಜಿನೆಟಿಕ್ಸನ ಅನ್ವಯಗಳು

ಸಂರಕ್ಷಣಾ ಜಿನೆಟಿಕ್ಸ್ ಅನ್ನು ಜೈವಿಕ ವೈವಿಧ್ಯತೆಯನ್ನು ಉಳಿಸಲು ಮತ್ತು ಉತ್ತೇಜಿಸಲು ವಿವಿಧ ರೀತಿಯಲ್ಲಿ ಬಳಸಬಹುದು. ಕೆಲವು ಸಾಮಾನ್ಯ ಅನ್ವಯಗಳು ಇಲ್ಲಿವೆ:

- ಜೀವಿಗಳ ಗುಣಲಕ್ಷಣಗಳನ್ನು ಅಧ್ಯಯನ ಮಾಡುವುದು: ಸಂರಕ್ಷಣಾ ಜಿನೆಟಿಕ್ಸ್‌ನಿಂದ ಜೀವಿಗಳ ಗುಣಲಕ್ಷಣಗಳನ್ನು ಅಧ್ಯಯನ ಮಾಡಲು ಬಳಸಬಹುದು. ಈ ಅಧ್ಯಯನವು ಜೀವಿಗಳಿಗೆ ಹವಾಮಾನ ಬದಲಾವಣೆ ಅಥವಾ ಇತರ ಪರಿಸರದ

ಬದಲಾವಣೆಗಳಿಗೆ ಹೇಗೆ ಹೊಂದಿಕೊಳ್ಳಬಹುದು ಎಂಬುದನ್ನು ಅರ್ಥಮಾಡಿಕೊಳ್ಳಲು ಸಹಾಯ ಮಾಡುತ್ತದೆ.

- ಜೀವಿಗಳ ವಂಶಾವಳಿಯನ್ನು ಅಧ್ಯಯನ ಮಾಡುವುದು: ಸಂರಕ್ಷಣಾ ಜಿನೆಟಿಕ್ಸ್‌ನಿಂದ ಜೀವಿಗಳ ವಂಶಾವಳಿಯನ್ನು ಅಧ್ಯಯನ ಮಾಡಲು ಬಳಸಬಹುದು. ಈ ಅಧ್ಯಯನವು ಜೀವಿಗಳ ನಡುವಿನ ಸಂಬಂಧಗಳನ್ನು ಅರ್ಥಮಾಡಿಕೊಳ್ಳಲು ಮತ್ತು ಜೀವಿಗಳನ್ನು ಸಂರಕ್ಷಿಸಲು ಯಾವ ಪ್ರಯತ್ನಗಳು ಹೆಚ್ಚು ಪರಿಣಾಮಕಾರಿಯಾಗಬಹುದು ಎಂಬುದನ್ನು ನಿರ್ಧರಿಸಲು ಸಹಾಯ ಮಾಡುತ್ತದೆ.

- ಜೀವಿಗಳ ವೈವಿಧ್ಯತೆಯನ್ನು ಉತ್ತೇಜಿಸುವುದು: ಸಂರಕ್ಷಣಾ ಜಿನೆಟಿಕ್ಸ್‌ನಿಂದ ಜೀವಿಗಳ ವೈವಿಧ್ಯತೆಯನ್ನು ಉತ್ತೇಜಿಸಲು ಬಳಸಬಹುದು. ಉದಾಹರಣೆಗೆ, ಸಂರಕ್ಷಣಾ ವೈಜ್ಞಾನಿಕರು ವಿಭಿನ್ನ ಜಾತಿಗಳು ಮತ್ತು ಪ್ರಭೇದಗಳ ನಡುವೆ ಜೀನ್‌ಗಳನ್ನು ವರ್ಗಾಯಿಸಲು ಸಹಾಯ ಮಾಡುವ ತಂತ್ರಗಳನ್ನು ಅಭಿವೃದ್ಧಿಪಡಿಸುತ್ತಿದ್ದಾರೆ.

ಸಂರಕ್ಷಣಾ ಜಿನೆಟಿಕ್ಸ್‌ನ ಪ್ರಾಮುಖ್ಯತೆ

ಜೈವಿಕ ವೈವಿಧ್ಯತೆಯು ನಮ್ಮ ಪರಿಸರದ ಆರೋಗ್ಯ ಮತ್ತು ಸಮತೋಲನಕ್ಕೆ ಅಗತ್ಯವಾಗಿರುತ್ತದೆ.

Chapter 6: Unveiling the Human Story - Human Evolution and Genetics

ಅಧ್ಯಾಯ 6: ಮಾನವ ಚರಿತ್ರೆಯನ್ನು ಬಯಲುಗಟ್ಟುವುದು - ಮಾನವ ವಿಕಾಸ ಮತ್ತು ಜಿನೆಟಿಕ್ಸ್

ಪ್ರೈಮೇಟ್ ಕುಟುಂಬ ಮರದಲ್ಲಿ ನಮ್ಮ ಉದ್ಧಾರ: ಹಂಚಿಕೊಂಡ ಗುಣಲಕ್ಷಣಗಳು ಮತ್ತು ವಿಕಾಸಾತ್ಮಕ ವ್ಯತ್ಯಾಸಗಳು

ಪರಿಚಯ

ಪ್ರೈಮೇಟ್‌ಗಳು ಲ್ಯಾಬಿರಿಂಥಾಪ್ರೋರ್ಮ್ ಗುಂಪಿನ ಸ್ತನಿಗಳ ಒಂದು ಅತಿದೊಡ್ಡ ಮತ್ತು ವೈವಿಧ್ಯಮಯ ಸಮೂಹವಾಗಿದೆ. ಇದು ಮಾನವರನ್ನು ಒಳಗೊಂಡು ಸುಮಾರು 350 ಜಾತಿಗಳನ್ನು ಒಳಗೊಂಡಿದೆ. ಪ್ರೈಮೇಟ್‌ಗಳು ತಮ್ಮ ಸಂಕೀರ್ಣ ವರ್ತನೆ, ಬುದ್ಧಿಮತ್ತೆ ಮತ್ತು ಮಾನವನೊಂದಿಗೆ ಹೋಲುವ ಭೌತಿಕ ಗುಣಲಕ್ಷಣಗಳಿಗಾಗಿ ಹೆಸರುವಾಸಿಯಾಗಿದೆ.

ಮಾನವರು ಪ್ರೈಮೇಟ್‌ಗಳಲ್ಲದೇ, ಅವರು ಪ್ರೈಮೇಟ್ ಕುಟುಂಬದ ಮುಖ್ಯ ಶಾಖೆಯಾಗಿದೆ. ಮಾನವರು ಮತ್ತು ಇತರ ಪ್ರೈಮೇಟ್‌ಗಳ ನಡುವಿನ ನಿಕಟ ಸಂಬಂಧವು ಜೈವಿಕ ಮತ್ತು ವರ್ತನೆಯ ಹಲವಾರು ಹಂಚಿಕೊಂಡ ಗುಣಲಕ್ಷಣಗಳಲ್ಲಿ ಪ್ರತಿಫಲಿಸುತ್ತದೆ. ಆದಾಗ್ಯೂ, ಮಾನವರು ಇತರ ಪ್ರೈಮೇಟ್‌ಗಳಿಂದ ವಿಭಿನ್ನವಾದ ವಿಕಾಸಾತ್ಮಕ ವ್ಯತ್ಯಾಸಗಳನ್ನು ಸಹ ಹೊಂದಿದ್ದಾರೆ.

ಹಂಚಿಕೊಂಡ ಗುಣಲಕ್ಷಣಗಳು

ಮಾನವರು ಮತ್ತು ಇತರ ಪ್ರೈಮೇಟ್‌ಗಳು ಹಲವಾರು ಹಂಚಿಕೊಂಡ ಗುಣಲಕ್ಷಣಗಳನ್ನು ಹೊಂದಿದ್ದಾರೆ, ಅವುಗಳೆಂದರೆ:

- ಶೋಧನೆ: ಪ್ರೈಮೇಟ್‌ಗಳು ಎಲ್ಲಾ ಸ್ಥಿರವಾದ ಶೋಧಕ ಪ್ರಾಣಿಗಳಾಗಿವೆ. ಅವರು ತಮ್ಮ ಕೈಗಳು ಮತ್ತು ಬೆರಳುಗಳನ್ನು ಬಳಸಿ ವಸ್ತುಗಳನ್ನು ನಿರ್ವಹಿಸಲು ಮತ್ತು ತಮ್ಮ ಪರಿಸರವನ್ನು ಅನ್ವೇಷಿಸಲು ಸಮರ್ಥರಾಗಿದ್ದಾರೆ.

- ಸಾಮಾಜಿಕ ಜೀವನ: ಪ್ರೈಮೇಟ್‌ಗಳು ಸಾಮಾಜಿಕ ಪ್ರಾಣಿಗಳಾಗಿವೆ. ಅವರು ಸಾಮಾನ್ಯವಾಗಿ ಹಿಂಡುಗಳಲ್ಲಿ ವಾಸಿಸುತ್ತಾರೆ ಮತ್ತು ಸಂಕೀರ್ಣ ಸಾಮಾಜಿಕ ಸಂಬಂಧಗಳನ್ನು ರೂಪಿಸುತ್ತಾರೆ.

- ಬುದ್ಧಿಮತ್ತೆ: ಪ್ರೈಮೇಟ್‌ಗಳು ಹೆಚ್ಚಿನ ಬುದ್ಧಿಮತ್ತೆಯನ್ನು ಹೊಂದಿರುವ ಪ್ರಾಣಿಗಳಾಗಿವೆ. ಅವರು ಸಮಸ್ಯೆಗಳನ್ನು ಪರಿಹರಿಸುವ, ಕಲಿಯುವ ಮತ್ತು ಸಂವಹನ ನಡೆಸುವ ಸಾಮರ್ಥ್ಯವನ್ನು ಹೊಂದಿದ್ದಾರೆ.

ವಿಕಾಸಾತ್ಮಕ ವ್ಯತ್ಯಾಸಗಳು

ಮಾನವರು ಮತ್ತು ಇತರ ಪ್ರೈಮೇಟ್‌ಗಳ ನಡುವೆ ಹಲವಾರು ವಿಕಾಸಾತ್ಮಕ ವ್ಯತ್ಯಾಸಗಳೂ ಇವೆ, ಅವುಗಳೆಂದರೆ:

- ಮಾನವ ಸ್ಥಾನಾಭಿಮಾನ: ಮಾನವರು ಎರಡು ಕಾಲುಗಳ ಮೇಲೆ ನಡೆಯುವ ಏಕೈಕ ಪ್ರೈಮೇಟ್‌ಗಳು. ಇದು ನಮಗೆ ಮುಕ್ತ ಕೈಗಳನ್ನು ನೀಡುತ್ತದೆ, ಇದನ್ನು ಸಾಧನಗಳನ್ನು ಬಳಸಲು ಮತ್ತು ನಮ್ಮ ಪರಿಸರವನ್ನು ಮಾರ್ಪಡಿಸಲು ಬಳಸಬಹುದು.

ಮಾನವ ಪೂರ್ವಜರ ಜೀವಾಶ್ಮ ದಾಖಲೆ ಮತ್ತು ನಮ್ಮ ವಂಶಜರ ಅರ್ಥಮಾಡಿಕೆ

ಪರಿಚಯ

ಮಾನವ ಪೂರ್ವಜರ ಇತಿಹಾಸವನ್ನು ಅರ್ಥಮಾಡಿಕೊಳ್ಳಲು, ವಿಜ್ಞಾನಿಗಳು ಪಳೆಯುಳಿಕೆ ದಾಖಲೆಯನ್ನು ಅಧ್ಯಯನ ಮಾಡುತ್ತಾರೆ. ಪಳೆಯುಳಿಕೆಗಳು ಜೀವಿಗಳ ಶಿಲೀಕೃತ ಅವಶೇಷಗಳು ಮತ್ತು ಪುರಾವೆಗಳಾಗಿವೆ. ಅವು ನಮಗೆ ಮಾನವರು ಮತ್ತು ಇತರ ಜೀವಿಗಳ ಹಿಂದಿನ ಬಗ್ಗೆ ಮಾಹಿತಿಯನ್ನು ನೀಡುತ್ತವೆ.

ಮಾನವ ಪೂರ್ವಜರ ಪಳೆಯುಳಿಕೆ ದಾಖಲೆಯು ಸುಮಾರು 7 ಮಿಲಿಯನ್ ವರ್ಷಗಳ ಹಿಂದಿನಿಂದ ಪ್ರಾರಂಭವಾಗುತ್ತದೆ. ಈ ದಾಖಲೆಯು ಕಾಲಾನಂತರದಲ್ಲಿ ಮಾನವರು ಹೇಗೆ ಬೆಳೆದರು ಮತ್ತು ಬದಲಾದರು ಎಂಬುದನ್ನು ನಮಗೆ ತೋರಿಸುತ್ತದೆ.

ಪಳೆಯುಳಿಕೆ ದಾಖಲೆಯಲ್ಲಿನ ಮುಖ್ಯ ಹಂತಗಳು

ಮಾನವ ಪೂರ್ವಜರ ಪಳೆಯುಳಿಕೆ ದಾಖಲೆಯನ್ನು ಕೆಲವು ಮುಖ್ಯ ಹಂತಗಳಾಗಿ ವಿಂಗಡಿಸಬಹುದು:

- ಆದಿಮಾನವರು (ಆಸ್ಟ್ರೊಲೋಪಿಥೆಕಸ್): ಆದಿಮಾನವರು ಸುಮಾರು 4-2 ಮಿಲಿಯನ್ ವರ್ಷಗಳ ಹಿಂದೆ ವಾಸಿಸುತ್ತಿದ್ದರು. ಅವರು ಎರಡು ಕಾಲುಗಳ ಮೇಲೆ ನಡೆಯುತ್ತಿದ್ದರು, ಆದರೆ ಅವರ ಮುಖವು ಇನ್ನೂ ಆಧುನಿಕ ಮಾನವರಿಗಿಂತ ಹೋಲುತ್ತಿತ್ತು.
- ಹೋಮೋ ಹ್ಯಾಬಿಲಿಸ್ (ಆಧುನಿಕ ಮಾನವರಿಗೆ ಹೋಲುವ ಮೊದಲ ಪ್ರಜಾತಿ): ಹೋಮೋ ಹ್ಯಾಬಿಲಿಸ್ ಸುಮಾರು 2.4-1.4 ಮಿಲಿಯನ್ ವರ್ಷಗಳ ಹಿಂದೆ

ವಾಸಿಸುತ್ತಿದ್ದರು. ಅವರು ಸಾಧನಗಳನ್ನು ಬಳಸುವ ಸಾಮರ್ಥ್ಯವನ್ನು ಹೊಂದಿದ್ದರು, ಇದು ಅವರಿಗೆ ಇತರ ಪ್ರೈಮೇಟ್‌ಗಳಿಗಿಂತ ಹೆಚ್ಚಿನ ಪ್ರಯೋಜನವನ್ನು ನೀಡಿತು.

- ಹೋಮೋ ಎರೆಕ್ಟಸ್ (ನಿಂತಿರುವ ಮನುಷ್ಯ): ಹೋಮೋ ಎರೆಕ್ಟಸ್ ಸುಮಾರು 1.8-1.1 ಮಿಲಿಯನ್ ವರ್ಷಗಳ ಹಿಂದೆ ವಾಸಿಸುತ್ತಿದ್ದರು. ಅವರು ಎರಡು ಕಾಲುಗಳ ಮೇಲೆ ನಿಂತಿದ್ದರು ಮತ್ತು ಆಧುನಿಕ ಮಾನವರಿಗೆ ಹೋಲುವ ಹೆಚ್ಚು ಆಧುನಿಕ ದೇಹ ರಚನೆಯನ್ನು ಹೊಂದಿದ್ದರು.

- ಹೋಮೋ ಸೇಪಿಯನ್ಸ್ (ಆಧುನಿಕ ಮಾನವರು): ಹೋಮೋ ಸೇಪಿಯನ್ಸ್ ಸುಮಾರು 300,000 ವರ್ಷಗಳ ಹಿಂದೆ ಉದ್ಭವಿಸಿದರು. ಅವರು ಆಧುನಿಕ ಮಾನವರಂತೆಯೇ ಭಾಷೆ, ಸಂಕೀರ್ಣ ಸಂಸ್ಕೃತಿ ಮತ್ತು ತಂತ್ರಜ್ಞಾನವನ್ನು ಹೊಂದಿದ್ದರು.

ವಂಶಜರ ಅರ್ಥಮಾಡಿಕೆ

ಮಾನವ ಪೂರ್ವಜರ ಪಳೆಯುಳಿಕೆ ದಾಖಲೆಯು ನಮ್ಮ ವಂಶಜರ ಬಗ್ಗೆ ನಮಗೆ ಬಹಳಷ್ಟು ಕಲಿಸುತ್ತದೆ. ಈ ದಾಖಲೆಯು ಮಾನವರು ಹೇಗೆ ಬೆಳೆದರು ಮತ್ತು ಬದಲಾದರು ಎಂಬುದನ್ನು ನಮಗೆ ತೋರಿಸುತ್ತದೆ. ಇದು ನಮ್ಮ ಜೀವಶಾಸ್ತ್ರ ಮತ್ತು ನಮ್ಮ ಸಂಸ್ಕೃತಿಯ ಬಗ್ಗೆ ನಮಗೆ ಮಾಹಿತಿಯನ್ನು ನೀಡುತ್ತದೆ.

ಮಾನವ ವಿಕಾಸ ಮತ್ತು ವಲಸೆ ಮಾದರಿಗಳಿಗೆ ಜೆನೆಟಿಕ್ ಪುರಾವೆ

ಪರಿಚಯ

ಮಾನವ ವಿಕಾಸ ಮತ್ತು ವಲಸೆ ಮಾದರಿಗಳನ್ನು ಅರ್ಥಮಾಡಿಕೊಳ್ಳಲು, ವಿಜ್ಞಾನಿಗಳು ಜೆನೆಟಿಕ್ ದಾಖಲೆಯನ್ನು ಅಧ್ಯಯನ ಮಾಡುತ್ತಾರೆ. ಜೆನೆಟಿಕ್ಸ್ ಎನ್ನುವುದು ಜೀವಕೋಶಗಳಲ್ಲಿನ ಜೀನ್‌ಗಳ ಅಧ್ಯಯನವಾಗಿದೆ. ಜೀನ್‌ಗಳು ಜೀವಿಗಳ ಗುಣಲಕ್ಷಣಗಳನ್ನು ನಿರ್ಧರಿಸುತ್ತವೆ.

ಜೆನೆಟಿಕ್ ದಾಖಲೆಯು ಮಾನವರು ಹೇಗೆ ವಿಕಸನಗೊಂಡರು ಮತ್ತು ವಿಶ್ವದಾದ್ಯಂತ ಹರಡಿದರು ಎಂಬುದರ ಕುರಿತು ನಮಗೆ ಅಮೂಲ್ಯವಾದ ಮಾಹಿತಿಯನ್ನು ನೀಡುತ್ತದೆ.

ಜೆನೆಟಿಕ್ ದಾಖಲೆಯ ಮೂಲಗಳು

ಮಾನವ ಜೆನೆಟಿಕ್ ದಾಖಲೆಯನ್ನು ಅಧ್ಯಯನ ಮಾಡಲು ವಿಜ್ಞಾನಿಗಳು ವಿವಿಧ ಮೂಲಗಳನ್ನು ಬಳಸುತ್ತಾರೆ. ಈ ಮೂಲಗಳಲ್ಲಿ ಸೇರಿವೆ:

- ಪಳೆಯುಳಿಕೆ ಮಾನವ DNA: ವಿಜ್ಞಾನಿಗಳು ಪಳೆಯುಳಿಕೆ ಮಾನವರಿಂದ DNA ಅನ್ನು ಪಡೆಯಲು ಸಾಧ್ಯವಾಗುತ್ತದೆ. ಈ DNA ಅನ್ನು ಮಾನವ ವಿಕಾಸದ ಬಗ್ಗೆ ಮಾಹಿತಿಯನ್ನು ನೀಡಲು ಬಳಸಬಹುದು.

- ಆಧುನಿಕ ಮಾನವರ DNA: ವಿಜ್ಞಾನಿಗಳು ವಿವಿಧ ಜನಾಂಗಗಳ ಆಧುನಿಕ ಮಾನವರಿಂದ DNA ಅನ್ನು ಸಂಗ್ರಹಿಸುತ್ತಾರೆ. ಈ DNA ಅನ್ನು ಮಾನವ ವಲಸೆ

ಮಾದರಿಗಳ ಬಗ್ಗೆ ಮಾಹಿತಿಯನ್ನು ನೀಡಲು ಬಳಸಬಹುದು.

* ವನ್ಯ ಪ್ರೈಮೇಟ್‌ಗಳ DNA: ವಿಜ್ಞಾನಿಗಳು ವನ್ಯ ಪ್ರೈಮೇಟ್‌ಗಳಿಂದ DNA ಅನ್ನು ಸಂಗ್ರಹಿಸುತ್ತಾರೆ. ಈ DNA ಅನ್ನು ಮಾನವ ವಿಕಾಸದ ಬಗ್ಗೆ ಮಾಹಿತಿಯನ್ನು ನೀಡಲು ಬಳಸಬಹುದು.

ಜೆನೆಟಿಕ್ ದಾಖಲೆಯಿಂದ ಅನೇಕ ಪ್ರಮುಖ ಕಂಡುಹಿಡಿಯುವಿಕೆಗಳು ಮಾಡಲಾಗಿದೆ. ಈ ಕಂಡುಹಿಡಿಯುವಿಕೆಗಳಲ್ಲಿ ಸೇರಿವೆ:

* ಆಧುನಿಕ ಮಾನವರು ಆಫ್ರಿಕಾದಲ್ಲಿ ಉದ್ಭವಿಸಿದರು: ಜೆನೆಟಿಕ್ ದಾಖಲೆಯು ಆಧುನಿಕ ಮಾನವರು ಆಫ್ರಿಕಾದಲ್ಲಿ ಉದ್ಭವಿಸಿದರು ಎಂದು ಸೂಚಿಸುತ್ತದೆ.

* ಆಧುನಿಕ ಮಾನವರು ಸುಮಾರು 300,000 ವರ್ಷಗಳ ಹಿಂದೆ ಉದ್ಭವಿಸಿದರು: ಜೆನೆಟಿಕ್ ದಾಖಲೆಯು ಆಧುನಿಕ ಮಾನವರು ಸುಮಾರು 300,000 ವರ್ಷಗಳ ಹಿಂದೆ ಉದ್ಭವಿಸಿದರು ಎಂದು ಸೂಚಿಸುತ್ತದೆ.

* ಆಧುನಿಕ ಮಾನವರು ಆಫ್ರಿಕಾದಿಂದ ವಿಶ್ವದಾದ್ಯಂತ ವಲಸೆ ಹೋದರು: ಜೆನೆಟಿಕ್ ದಾಖಲೆಯು ಆಧುನಿಕ ಮಾನವರು ಆಫ್ರಿಕಾದಿಂದ ವಿಶ್ವದಾದ್ಯಂತ ವಲಸೆ ಹೋದರು ಎಂದು ಸೂಚಿಸುತ್ತದೆ.

**ಜೆನೆಟಿಕ್ ದಾಖಲೆಯು ಮಾನವ ವಿಕಾಸ ಮತ್ತು ವಲಸೆ ಮಾದರಿಗಳ ಬಗ್ಗೆ ನಮ್ಮ ತಿಳುವಳಿಕೆಯನ್ನು ಬೆಳೆಸಲು ಸಹಾಯ ಮಾಡಿದೆ. ಈ ದಾಖಲೆಯು ಮಾನವ ಸಮಾಜದ ಬೆಳವಣಿಗೆಯನ್ನು ಅರ್ಥಮಾಡಿಕೊಳ್ಳಲು ಸಹಾಯ ಮಾಡುತ್ತದೆ.

ಮಾನವ ಗುಣಲಕ್ಷಣಗಳು ಮತ್ತು ನಡವಳಿಕೆಯಲ್ಲಿ ಜೀನ್‌ಗಳ ಪಾತ್ರವನ್ನು ಅನ್ವೇಷಿಸುವುದು

ಪರಿಚಯ

ಮಾನವರು ಬಹುಮುಖ ಜೀವಿಗಳಾಗಿದ್ದಾರೆ. ನಮ್ಮಲ್ಲಿ ವಿವಿಧ ರೀತಿಯ ಗುಣಲಕ್ಷಣಗಳು ಮತ್ತು ನಡವಳಿಕೆಗಳಿವೆ. ಈ ಗುಣಲಕ್ಷಣಗಳು ಮತ್ತು ನಡವಳಿಕೆಗಳಿಗೆ ಜೀನ್‌ಗಳು ಯಾವ ಪಾತ್ರವನ್ನು ವಹಿಸುತ್ತವೆ?

ಈ ಪ್ರಶ್ನೆಗೆ ಉತ್ತರಿಸಲು, ವಿಜ್ಞಾನಿಗಳು ಜೀನ್‌ಗಳ ಅಧ್ಯಯನವನ್ನು ಬಳಸುತ್ತಾರೆ. ಜೀನ್‌ಗಳು ಜೀವಕೋಶಗಳಲ್ಲಿರುವ ಅಣುಗಳಾಗಿದ್ದು ಅವು ಜೀವಿಗಳ ಗುಣಲಕ್ಷಣಗಳನ್ನು ನಿರ್ಧರಿಸುತ್ತವೆ.

ಜೀನ್‌ಗಳ ಅಧ್ಯಯನದ ವಿಧಾನಗಳು

ಜೀನ್‌ಗಳ ಅಧ್ಯಯನಕ್ಕೆ ವಿವಿಧ ವಿಧಾನಗಳನ್ನು ಬಳಸಬಹುದು. ಈ ವಿಧಾನಗಳಲ್ಲಿ ಸೇರಿವೆ:

- ಪಳೆಯುಳಿಕೆ ದಾಖಲೆಯ ಅಧ್ಯಯನ: ಪಳೆಯುಳಿಕೆ ದಾಖಲೆಯು ಮಾನವ ವಿಕಾಸದ ಬಗ್ಗೆ ಮಾಹಿತಿಯನ್ನು ನೀಡುತ್ತದೆ. ಈ ಮಾಹಿತಿಯನ್ನು ಬಳಸಿಕೊಂಡು, ವಿಜ್ಞಾನಿಗಳು ಮಾನವ ಗುಣಲಕ್ಷಣಗಳು ಮತ್ತು ನಡವಳಿಕೆಯಲ್ಲಿ ಜೀನ್‌ಗಳ ಪಾತ್ರವನ್ನು ಅರ್ಥಮಾಡಿಕೊಳ್ಳಲು ಪ್ರಯತ್ನಿಸಬಹುದು.

- ಜೈವಿಕ ಪ್ರಯೋಗಗಳು: ಜೈವಿಕ ಪ್ರಯೋಗಗಳಲ್ಲಿ, ವಿಜ್ಞಾನಿಗಳು ಪ್ರಯೋಗಾಲಯದಲ್ಲಿ ಜೀವಿಗಳನ್ನು ಬದಲಾಯಿಸುತ್ತಾರೆ. ಈ ಬದಲಾವಣೆಗಳು ಜೀವಿಗಳ ಗುಣಲಕ್ಷಣಗಳು ಮತ್ತು ನಡವಳಿಕೆಯ ಮೇಲೆ

ಹೇಗೆ ಪರಿಣಾಮ ಬೀರುತ್ತದೆ ಎಂಬುದನ್ನು ಅವರು ಅಧ್ಯಯನ ಮಾಡುತ್ತಾರೆ.

* ಮಾನವ ಜೀನೋಮ್ ಅಧ್ಯಯನ: ಮಾನವ ಜೀನೋಮ್ ಎನ್ನುವುದು ಮಾನವನ ಜೀನ್‌ಗಳ ಸಂಪೂರ್ಣ ಸಂಗ್ರಹವಾಗಿದೆ. ವಿಜ್ಞಾನಿಗಳು ಮಾನವ ಜೀನೋಮ್ ಅನ್ನು ಅಧ್ಯಯನ ಮಾಡುವ ಮೂಲಕ ಮಾನವ ಗುಣಲಕ್ಷಣಗಳು ಮತ್ತು ನಡವಳಿಕೆಯಲ್ಲಿ ಜೀನ್‌ಗಳ ಪಾತ್ರವನ್ನು ಅರ್ಥಮಾಡಿಕೊಳ್ಳಲು ಪ್ರಯತ್ನಿಸುತ್ತಾರೆ.

ಜೀನ್‌ಗಳ ಪಾತ್ರದ ಉದಾಹರಣೆಗಳು

ಜೀನ್‌ಗಳು ಮಾನವ ಗುಣಲಕ್ಷಣಗಳು ಮತ್ತು ನಡವಳಿಕೆಯಲ್ಲಿ ಹಲವಾರು ಪಾತ್ರಗಳನ್ನು ವಹಿಸುತ್ತವೆ. ಈ ಪಾತ್ರಗಳ ಕೆಲವು ಉದಾಹರಣೆಗಳು ಇಲ್ಲಿವೆ:

* ದೈಹಿಕ ಗುಣಲಕ್ಷಣಗಳು: ಜೀನ್‌ಗಳು ನಮ್ಮ ದೈಹಿಕ ಗುಣಲಕ್ಷಣಗಳಲ್ಲಿ ಹಲವಾರು ಪಾತ್ರಗಳನ್ನು ವಹಿಸುತ್ತವೆ. ಈ ಗುಣಲಕ್ಷಣಗಳಲ್ಲಿ ಸೇರಿವೆ:
  - ಎತ್ತರ
  - ಬಣ್ಣ
  - ಕಣ್ಣಿನ ಆಕಾರ
  - ಕೂದಲಿನ ಬಣ್ಣ
  - ಚರ್ಮದ ಬಣ್ಣ
* ನಡವಳಿಕೆ: ಜೀನ್‌ಗಳು ನಮ್ಮ ನಡವಳಿಕೆಯಲ್ಲಿ ಹಲವಾರು ಪಾತ್ರಗಳನ್ನು ವಹಿಸುತ್ತವೆ. ಈ ನಡವಳಿಕೆಗಳಲ್ಲಿ ಸೇರಿವೆ:
  - ಆಹಾರದ ಆದ್ಯತೆಗಳು

- ಭಾಷೆ ಕಲಿಯುವ ಸಾಮರ್ಥ್ಯ
- ಮಾನಸಿಕ ಆರೋಗ್ಯ

Chapter 7: Beyond Genes - Epigenetics and the Environment

ಅಧ್ಯಾಯ 7: ಜೀನ್‌ಗಳ ಆಚೆಗೆ - ಎಪಿಜೆನೆಟಿಕ್ಸ್ ಮತ್ತು ಪರಿಸರ

ಡಿಎನ್‌ಎ ಬದಲಾಗದೆಯೇ ಪರಿಸರವು ಜೀನ್ ಅಭಿವ್ಯಕ್ತಿಯನ್ನು ಹೇಗೆ ಪ್ರಭಾವಿಸಬಹುದು

ಪರಿಚಯ

ಜೀನ್‌ಗಳು ಜೀವಿಗಳ ಗುಣಲಕ್ಷಣಗಳನ್ನು ನಿರ್ಧರಿಸುತ್ತವೆ. ಆದಾಗ್ಯೂ, ಜೀನ್‌ಗಳು ಒಂದೇ ರೀತಿಯಲ್ಲಿ ಅಭಿವ್ಯಕ್ತಿಯಾಗುವುದಿಲ್ಲ. ಪರಿಸರವು ಜೀನ್ ಅಭಿವ್ಯಕ್ತಿಯ ಮೇಲೆ ಪ್ರಭಾವ ಬೀರಬಹುದು.

ಪರಿಸರವು ಜೀನ್ ಅಭಿವ್ಯಕ್ತಿಯನ್ನು ಹೇಗೆ ಪ್ರಭಾವಿಸುತ್ತದೆ?

ಪರಿಸರವು ಜೀನ್ ಅಭಿವ್ಯಕ್ತಿಯನ್ನು ಪ್ರಭಾವಿಸುವ ಹಲವಾರು ವಿಧಾನಗಳಿವೆ. ಕೆಲವು ಪ್ರಮುಖ ಮಾರ್ಗಗಳು ಇಲ್ಲಿವೆ:

- ಡಿಎನ್‌ಎ ಮೇಲೆ ಪ್ರಭಾವ ಬೀರುವುದು: ಪರಿಸರವು ಡಿಎನ್‌ಎ ಮೇಲೆ ನೇರವಾಗಿ ಪ್ರಭಾವ ಬೀರಬಹುದು. ಉದಾಹರಣೆಗೆ, ಆಹಾರದ ಕೊರತೆಯು ಡಿಎನ್‌ಎ ನಷ್ಟಕ್ಕೆ ಕಾರಣವಾಗಬಹುದು, ಇದು ಜೀನ್ ಅಭಿವ್ಯಕ್ತಿಯನ್ನು ಬದಲಾಯಿಸಬಹುದು.

- ಟ್ರಾನ್ಸ್‌ಕ್ರಿಪ್ಷನ್ ಮತ್ತು ಟ್ರಾನ್ಸ್‌ಲೇಷನ್ ಪ್ರಕ್ರಿಯೆಗಳನ್ನು ನಿಯಂತ್ರಿಸುವುದು: ಡಿಎನ್‌ಎ ಟ್ರಾನ್ಸ್‌ಕ್ರಿಪ್ಟ್ ಆಗುವುದು ಮತ್ತು ಟ್ರಾನ್ಸ್‌ಲೇಟ್ ಆಗುವುದು ಎರಡೂ ಪ್ರಕ್ರಿಯೆಗಳು ಪರಿಸರದಿಂದ ನಿಯಂತ್ರಿಸಬಹುದು. ಉದಾಹರಣೆಗೆ, ಹಾರ್ಮೋನುಗಳು ಟ್ರಾನ್ಸ್‌ಕ್ರಿಪ್ಷನ್ ಪ್ರಕ್ರಿಯೆಯನ್ನು ನಿಯಂತ್ರಿಸಬಹುದು.

- ಜೀನ್‌ನ ಸ್ಥಳವನ್ನು ಬದಲಾಯಿಸುವುದು: ಪರಿಸರವು ಜೀನ್‌ನ ಸ್ಥಳವನ್ನು ಬದಲಾಯಿಸಬಹುದು. ಉದಾಹರಣೆಗೆ, ಕೆಲವು ಜೀನ್‌ಗಳು ಪರಿಸರದ ಪ್ರಭಾವದಿಂದ ಜೀವಕೋಶದ ನ್ಯೂಕ್ಲಿಯಸ್‌ನಿಂದ ಹೊರಗೆ ಬರಬಹುದು.

ಉದಾಹರಣೆಗಳು

ಪರಿಸರವು ಜೀನ್ ಅಭಿವ್ಯಕ್ತಿಯನ್ನು ಹೇಗೆ ಪ್ರಭಾವಿಸುತ್ತದೆ ಎಂಬುದಕ್ಕೆ ಹಲವಾರು ಉದಾಹರಣೆಗಳಿವೆ. ಕೆಲವು ಉದಾಹರಣೆಗಳು ಇಲ್ಲಿವೆ:

- ಆಹಾರದ ಕೊರತೆ: ಆಹಾರದ ಕೊರತೆಯು ಜೀನ್ ಅಭಿವ್ಯಕ್ತಿಯನ್ನು ಬದಲಾಯಿಸುತ್ತದೆ. ಉದಾಹರಣೆಗೆ, ಪ್ರೋಟೀನ್ ಕೊರತೆಯು ಸ್ನಾಯುಗಳ ಬೆಳವಣಿಗೆಯನ್ನು ತಡೆಯುತ್ತದೆ.

- ಹಾರ್ಮೋನುಗಳು: ಹಾರ್ಮೋನುಗಳು ಜೀನ್ ಅಭಿವ್ಯಕ್ತಿಯನ್ನು ನಿಯಂತ್ರಿಸುತ್ತವೆ. ಉದಾಹರಣೆಗೆ, ಎಸ್ಟ್ರೋಜನ್ ಹಾರ್ಮೋನು ಹೃದಯರಕ್ತನಾಳದ ಕಾಯಿಲೆಯ ಅಪಾಯವನ್ನು ಹೆಚ್ಚಿಸುವ ಕೆಲವು ಜೀನ್‌ಗಳ ಅಭಿವ್ಯಕ್ತಿಯನ್ನು ಹೆಚ್ಚಿಸುತ್ತದೆ.

- ವಾತಾವರಣದ ಮಾಲಿನ್ಯ: ವಾತಾವರಣದ ಮಾಲಿನ್ಯವು ಜೀನ್ ಅಭಿವ್ಯಕ್ತಿಯನ್ನು ಬದಲಾಯಿಸುತ್ತದೆ. ಉದಾಹರಣೆಗೆ, ಓಝೋನ್ ಮಾಲಿನ್ಯವು ಕ್ಯಾನ್ಸರ್ ಅಪಾಯವನ್ನು ಹೆಚ್ಚಿಸುವ ಕೆಲವು ಜೀನ್‌ಗಳ ಅಭಿವ್ಯಕ್ತಿಯನ್ನು ಹೆಚ್ಚಿಸುತ್ತದೆ.

ಎಪಿಜೆನೆಟಿಕ್ ಕಾರ್ಯವಿಧಾನಗಳು ಮತ್ತು ಅವುಗಳ ದೀರ್ಘಕಾಲೀನ ಪರಿಣಾಮಗಳು

ಪರಿಚಯ

ಜೀನ್‌ಗಳು ಜೀವಿಗಳ ಗುಣಲಕ್ಷಣಗಳನ್ನು ನಿರ್ಧರಿಸುತ್ತವೆ. ಆದಾಗ್ಯೂ, ಜೀನ್‌ಗಳು ಒಂದೇ ರೀತಿಯಲ್ಲಿ ಅಭಿವ್ಯಕ್ತಿಯಾಗುವುದಿಲ್ಲ. ಪರಿಸರವು ಜೀನ್ ಅಭಿವ್ಯಕ್ತಿಯ ಮೇಲೆ ಪ್ರಭಾವ ಬೀರಬಹುದು.

ಈ ಪರಿಸರ ಪ್ರಭಾವಗಳನ್ನು ಎಪಿಜೆನೆಟಿಕ್ಸ್ ಅಧ್ಯಯನ ಮಾಡುತ್ತದೆ. ಎಪಿಜೆನೆಟಿಕ್ಸ್ ಎನ್ನುವುದು ಜೀನ್ ಅಭಿವ್ಯಕ್ತಿಯನ್ನು ನಿಯಂತ್ರಿಸುವ ಪ್ರಕ್ರಿಯೆಗಳ ಅಧ್ಯಯನವಾಗಿದೆ.

ಎಪಿಜೆನೆಟಿಕ್ ಕಾರ್ಯವಿಧಾನಗಳು

ಎಪಿಜೆನೆಟಿಕ್ ಕಾರ್ಯವಿಧಾನಗಳು ಜೀನ್ ಅಭಿವ್ಯಕ್ತಿಯನ್ನು ನಿಯಂತ್ರಿಸಲು ಹಲವಾರು ವಿಧಾನಗಳನ್ನು ಬಳಸುತ್ತವೆ. ಕೆಲವು ಪ್ರಮುಖ ಎಪಿಜೆನೆಟಿಕ್ ಕಾರ್ಯವಿಧಾನಗಳು ಇಲ್ಲಿವೆ:

- ಡಿಎನ್‌ಎ ಮೇಲೆ ಗುರುತುಗಳ ಸೇರ್ಪಡೆ: ಡಿಎನ್‌ಎ ಮೇಲೆ ಕೆಲವು ಗುರುತುಗಳು ಸೇರಿಸಬಹುದು, ಇದು ಜೀನ್ ಅಭಿವ್ಯಕ್ತಿಯನ್ನು ಬದಲಾಯಿಸುತ್ತದೆ. ಈ ಗುರುತುಗಳು ಡಿಎನ್‌ಎ ಟ್ರಾನ್ಸ್‌ಕ್ರಿಪ್ಟನ್ ಅನ್ನು ತಡೆಯಬಹುದು ಅಥವಾ ಪ್ರಚೋದಿಸಬಹುದು.

- ಡಿಎನ್‌ಎ ಹೆಲಿಕ್ಸನ ಸ್ಥಳಾಂತರ: ಡಿಎನ್‌ಎ ಹೆಲಿಕ್ಸನ ಸ್ಥಳಾಂತರವು ಜೀನ್ ಅಭಿವ್ಯಕ್ತಿಯನ್ನು ಬದಲಾಯಿಸಬಹುದು. ಡಿಎನ್‌ಎ ಹೆಲಿಕ್ಸನ ಸ್ಥಳಾಂತರವು

ಟ್ರಾನ್ಸ್ಕ್ರಿಪ್ಷನ್ ಉಪಕರಣಗಳನ್ನು ಜೀನ್‌ಗೆ ಪ್ರವೇಶಿಸಲು ಅನುವು ಮಾಡಿಕೊಡಬಹುದು ಅಥವಾ ತಡೆಯಬಹುದು.

• ಮಾರ್ಕರ್ ಪ್ರೋಟೀನ್‌ಗಳ ಜೋಡಣೆ: ಕೆಲವು ಪ್ರೋಟೀನ್‌ಗಳು ಜೀನ್‌ಗಳಿಗೆ ಬಂಧಿಸಬಹುದು ಮತ್ತು ಜೀನ್ ಅಭಿವ್ಯಕ್ತಿಯನ್ನು ಬದಲಾಯಿಸಬಹುದು. ಈ ಪ್ರೋಟೀನ್‌ಗಳನ್ನು ಮಾರ್ಕರ್ ಪ್ರೋಟೀನ್‌ಗಳು ಎಂದು ಕರೆಯಲಾಗುತ್ತದೆ.

ಎಪಿಜೆನೆಟಿಕ್ ಪರಿಣಾಮಗಳು

ಎಪಿಜೆನೆಟಿಕ್ ಕಾರ್ಯವಿಧಾನಗಳು ಜೀವಿಗಳ ಗುಣಲಕ್ಷಣಗಳ ಮೇಲೆ ಪ್ರಭಾವ ಬೀರಬಹುದು. ಈ ಪರಿಣಾಮಗಳು ತಾತ್ಕಾಲಿಕವಾಗಿರಬಹುದು ಅಥವಾ ದೀರ್ಘಕಾಲೀನವಾಗಿರಬಹುದು.

ತಾತ್ಕಾಲಿಕ ಎಪಿಜೆನೆಟಿಕ್ ಪರಿಣಾಮಗಳು ಪರಿಸರದ ಬದಲಾವಣೆಗಳಿಂದ ಉಂಟಾಗಬಹುದು. ಉದಾಹರಣೆಗೆ, ಆಹಾರದ ಕೊರತೆಯು ಜೀನ್ ಅಭಿವ್ಯಕ್ತಿಯನ್ನು ಬದಲಾಯಿಸಬಹುದು, ಇದು ಗುಣಲಕ್ಷಣಗಳಲ್ಲಿ ತಾತ್ಕಾಲಿಕ ಬದಲಾವಣೆಗೆ ಕಾರಣವಾಗುತ್ತದೆ.

ವಿಕಾಸ ಮತ್ತು ಹೊಂದಿಕೊಳ್ಳುವಿಕೆಯಲ್ಲಿ ಎಪಿಜೆನೆಟಿಕ್ಸನ ಸಂಭವ್ಯ ಪಾತ್ರವನ್ನು ಅನ್ವೇಷಿಸುವುದು

ಪರಿಚಯ

ವಿಕಾಸವು ಜೀವಿಗಳ ಗುಣಲಕ್ಷಣಗಳಲ್ಲಿ ಸಮಯದೊಂದಿಗೆ ಸಂಭವಿಸುವ ಬದಲಾವಣೆಗಳ ಪ್ರಕ್ರಿಯೆಯಾಗಿದೆ. ಹೊಂದಿಕೊಳ್ಳುವಿಕೆಯು ವಿಕಾಸದ ಒಂದು ಪ್ರಮುಖ ಭಾಗವಾಗಿದೆ ಮತ್ತು ಇದು ಜೀವಿಗಳು ತಮ್ಮ ಪರಿಸರಕ್ಕೆ ಹೊಂದಿಕೊಳ್ಳಲು ಅನುವು ಮಾಡಿಕೊಡುತ್ತದೆ.

ಎಪಿಜೆನೆಟಿಕ್ಸ್ ಎನ್ನುವುದು ಜೀನ್ ಅಭಿವ್ಯಕ್ತಿಯನ್ನು ನಿಯಂತ್ರಿಸುವ ಪ್ರಕ್ರಿಯೆಗಳ ಅಧ್ಯಯನವಾಗಿದೆ. ಎಪಿಜೆನೆಟಿಕ್ಸನ ಬದಲಾವಣೆಗಳು ಜೀವಿಗಳ ಗುಣಲಕ್ಷಣಗಳ ಮೇಲೆ ಪರಿಣಾಮ ಬೀರಬಹುದು ಮತ್ತು ವಿಕಾಸ ಮತ್ತು ಹೊಂದಿಕೊಳ್ಳುವಿಕೆಯಲ್ಲಿ ಪಾತ್ರ ವಹಿಸಬಹುದು ಎಂದು ನಂಬಲಾಗಿದೆ.

ಎಪಿಜೆನೆಟಿಕ್ಸ್ ಮತ್ತು ವಿಕಾಸ

ಎಪಿಜೆನೆಟಿಕ್ಸನ ಬದಲಾವಣೆಗಳು ಜೀವಿಗಳ ಗುಣಲಕ್ಷಣಗಳ ಮೇಲೆ ಪರಿಣಾಮ ಬೀರಬಹುದು. ಉದಾಹರಣೆಗೆ, ಎಪಿಜೆನೆಟಿಕ್ಸನ ಬದಲಾವಣೆಗಳು ಜೀವಿಗಳ ಗಾತ್ರ, ಬಣ್ಣ ಅಥವಾ ಪ್ರತಿರಕ್ಷಣಾ ವ್ಯವಸ್ಥೆಯನ್ನು ಬದಲಾಯಿಸಬಹುದು.

ಎಪಿಜೆನೆಟಿಕ್ಸನ ಬದಲಾವಣೆಗಳು ವಿಕಾಸಕ್ಕೆ ಕಾರಣವಾಗಬಹುದು. ಉದಾಹರಣೆಗೆ, ಎಪಿಜೆನೆಟಿಕ್ಸನ ಬದಲಾವಣೆಗಳು ಜೀವಿಗಳಿಗೆ ಹೊಸ ಪರಿಸರಕ್ಕೆ ಹೊಂದಿಕೊಳ್ಳಲು ಅನುವು ಮಾಡಿಕೊಡಬಹುದು.

ಎಪಿಜೆನೆಟಿಕ್ಸ್ ಮತ್ತು ಹೊಂದಿಕೊಳ್ಳುವಿಕೆ

ಎಪಿಜೆನೆಟಿಕ್ಸ್‌ನ ಬದಲಾವಣೆಗಳು ಜೀವಿಗಳು ತಮ್ಮ ಪರಿಸರಕ್ಕೆ ಹೊಂದಿಕೊಳ್ಳಲು ಸಹಾಯ ಮಾಡುತ್ತದೆ. ಉದಾಹರಣೆಗೆ, ಆಹಾರದ ಕೊರತೆಯು ಜೀವಿಗಳಿಗೆ ಉಪವಾಸದ ಪರಿಸ್ಥಿತಿಗೆ ಹೊಂದಿಕೊಳ್ಳಲು ಸಹಾಯ ಮಾಡಲು ಎಪಿಜೆನೆಟಿಕ್ಸ್‌ನ ಬದಲಾವಣೆಗಳನ್ನು ಪ್ರಚೋದಿಸಬಹುದು.

ಎಪಿಜೆನೆಟಿಕ್ಸ್‌ನ ಬದಲಾವಣೆಗಳು ತಾತ್ಕಾಲಿಕವಾಗಿರಬಹುದು ಅಥವಾ ದೀರ್ಘಕಾಲೀನವಾಗಿರಬಹುದು. ತಾತ್ಕಾಲಿಕ ಎಪಿಜೆನೆಟಿಕ್ಸ್ ಬದಲಾವಣೆಗಳು ಪರಿಸರದ ಬದಲಾವಣೆಗಳಿಂದ ಉಂಟಾಗಬಹುದು. ದೀರ್ಘಕಾಲೀನ ಎಪಿಜೆನೆಟಿಕ್ಸ್ ಬದಲಾವಣೆಗಳು ಪರಿಸರದ ದೀರ್ಘಕಾಲೀನ ಬದಲಾವಣೆಗಳಿಂದ ಉಂಟಾಗಬಹುದು.

ಎಪಿಜೆನೆಟಿಕ್ಸ್ ಮತ್ತು ವಿಕಾಸದಲ್ಲಿ ಸಂಶೋಧನೆ

ಎಪಿಜೆನೆಟಿಕ್ಸ್ ಮತ್ತು ವಿಕಾಸದಲ್ಲಿ ಸಂಶೋಧನೆಯು ಹೆಚ್ಚುತ್ತಿದೆ. ವಿಜ್ಞಾನಿಗಳು ಎಪಿಜೆನೆಟಿಕ್ಸ್‌ನ ಬದಲಾವಣೆಗಳು ವಿಕಾಸ ಮತ್ತು ಹೊಂದಿಕೊಳ್ಳುವಿಕೆಯಲ್ಲಿ ಹೇಗೆ ಪಾತ್ರ ವಹಿಸುತ್ತವೆ ಎಂಬುದನ್ನು ಅರ್ಥಮಾಡಿಕೊಳ್ಳಲು ಪ್ರಯತ್ನಿಸುತ್ತಿದ್ದಾರೆ.

ವೈಯಕ್ತೀಕರಿಸಿದ ಔಷಧ ಮತ್ತು ಎಪಿಜೆನೆಟಿಕ್ಸ್ ಸಂಶೋಧನೆಯ ಭವಿಷ್ಯ

ಪರಿಚಯ

ವೈಯಕ್ತೀಕರಿಸಿದ ಔಷಧವು ಒಬ್ಬ ವ್ಯಕ್ತಿಯ ವೈಯಕ್ತಿಕ ಜೀವನಶೈಲಿ, ಜೀನ್‌ಗಳು ಮತ್ತು ಪರಿಸರಕ್ಕೆ ಸರಿಹೊಂದುವಂತೆ ವಿನ್ಯಾಸಗೊಳಿಸಲಾದ ಔಷಧಿಗಳ ಬಳಕೆಯಾಗಿದೆ. ಎಪಿಜೆನೆಟಿಕ್ಸ್ ಎನ್ನುವುದು ಜೀನ್ ಅಭಿವ್ಯಕ್ತಿಯನ್ನು ನಿಯಂತ್ರಿಸುವ ಪ್ರಕ್ರಿಯೆಗಳ ಅಧ್ಯಯನವಾಗಿದೆ.

ವೈಯಕ್ತೀಕರಿಸಿದ ಔಷಧ ಮತ್ತು ಎಪಿಜೆನೆಟಿಕ್ಸ್ ಸಂಶೋಧನೆಯು ಭವಿಷ್ಯದಲ್ಲಿ ಆರೋಗ್ಯ ರಕ್ಷಣೆಯಲ್ಲಿ ಕ್ರಾಂತಿಯನ್ನುಂಟುಮಾಡುವ ಸಾಮರ್ಥ್ಯವನ್ನು ಹೊಂದಿದೆ.

ವೈಯಕ್ತೀಕರಿಸಿದ ಔಷಧದ ಪ್ರಯೋಜನಗಳು

ವೈಯಕ್ತೀಕರಿಸಿದ ಔಷಧವು ಹಲವಾರು ಪ್ರಯೋಜನಗಳನ್ನು ಹೊಂದಿದೆ, ಅವುಗಳೆಂದರೆ:

- ಹೆಚ್ಚು ಪರಿಣಾಮಕಾರಿತ್ವ: ವೈಯಕ್ತೀಕರಿಸಿದ ಔಷಧವು ವ್ಯಕ್ತಿಯ ನಿರ್ದಿಷ್ಟ ಅಗತ್ಯಗಳನ್ನು ಪೂರೈಸುವಂತೆ ವಿನ್ಯಾಸಗೊಳಿಸಲಾಗಿದೆ, ಆದ್ದರಿಂದ ಇದು ಹೆಚ್ಚು ಪರಿಣಾಮಕಾರಿಯಾಗಿದೆ.

- ಕಡಿಮೆ ಅಡ್ಡಪರಿಣಾಮಗಳು: ವೈಯಕ್ತೀಕರಿಸಿದ ಔಷಧವು ವ್ಯಕ್ತಿಯ ನಿರ್ದಿಷ್ಟ ಜೀನ್‌ಗಳು ಮತ್ತು ಪರಿಸರಕ್ಕೆ ಸರಿಹೊಂದುವಂತೆ ವಿನ್ಯಾಸಗೊಳಿಸಲಾಗಿದೆ, ಆದ್ದರಿಂದ ಇದು ಕಡಿಮೆ ಅಡ್ಡಪರಿಣಾಮಗಳನ್ನು ಹೊಂದಿದೆ.

- ಉತ್ತಮ ಫಲಿತಾಂಶಗಳು: ವೈಯಕ್ತೀಕರಿಸಿದ ಔಷಧವು ವ್ಯಕ್ತಿಯ ನಿರ್ದಿಷ್ಟ ಅಗತ್ಯಗಳನ್ನು ಪೂರೈಸುವಂತೆ ವಿನ್ಯಾಸಗೊಳಿಸಲಾಗಿದೆ, ಆದ್ದರಿಂದ ಇದು ಉತ್ತಮ ಫಲಿತಾಂಶಗಳನ್ನು ನೀಡುತ್ತದೆ.

ಎಪಿಜೆನೆಟಿಕ್ಸ್ ಸಂಶೋಧನೆಯ ಪ್ರಯೋಜನಗಳು

ಎಪಿಜೆನೆಟಿಕ್ಸ್ ಸಂಶೋಧನೆಯು ವೈಯಕ್ತೀಕರಿಸಿದ ಔಷಧದ ಅಭಿವೃದ್ಧಿಯಲ್ಲಿ ಪ್ರಮುಖ ಪಾತ್ರ ವಹಿಸುತ್ತದೆ. ಎಪಿಜೆನೆಟಿಕ್ಸ್ ಸಂಶೋಧನೆಯು ನಮಗೆ ಜೀನ್ ಅಭಿವ್ಯಕ್ತಿಯನ್ನು ನಿಯಂತ್ರಿಸುವ ಅಂಶಗಳನ್ನು ಅರ್ಥಮಾಡಿಕೊಳ್ಳಲು ಸಹಾಯ ಮಾಡುತ್ತದೆ. ಈ ಜ್ಞಾನವನ್ನು ಬಳಸಿಕೊಂಡು, ನಾವು ಜನರಿಗೆ ಹೆಚ್ಚು ಪರಿಣಾಮಕಾರಿ ಮತ್ತು ಸುರಕ್ಷಿತವಾದ ಔಷಧಿಗಳನ್ನು ಅಭಿವೃದ್ಧಿಪಡಿಸಬಹುದು.

ವೈಯಕ್ತೀಕರಿಸಿದ ಔಷಧ ಮತ್ತು ಎಪಿಜೆನೆಟಿಕ್ಸ್ ಸಂಶೋಧನೆಯ ಭವಿಷ್ಯ

ವೈಯಕ್ತೀಕರಿಸಿದ ಔಷಧ ಮತ್ತು ಎಪಿಜೆನೆಟಿಕ್ಸ್ ಸಂಶೋಧನೆಯು ಭವಿಷ್ಯದಲ್ಲಿ ಆರೋಗ್ಯ ರಕ್ಷಣೆಯಲ್ಲಿ ಕ್ರಾಂತಿಯನ್ನುಂಟುಮಾಡುವ ಸಾಮರ್ಥ್ಯವನ್ನು ಹೊಂದಿದೆ. ಈ ಸಂಶೋಧನೆಯು ನಮಗೆ ಹೆಚ್ಚು ಪರಿಣಾಮಕಾರಿ ಮತ್ತು ಸುರಕ್ಷಿತವಾದ ಚಿಕಿತ್ಸೆಗಳನ್ನು ಅಭಿವೃದ್ಧಿಪಡಿಸಲು ಸಹಾಯ ಮಾಡುತ್ತದೆ, ಇದು ರೋಗಗಳನ್ನು ತಡೆಗಟ್ಟಲು ಮತ್ತು ಚಿಕಿತ್ಸೆ ನೀಡಲು ನಮ

Chapter 8: Unraveling the Future - Ethics and Applications of Genetics

ಅಧ್ಯಾಯ 8: ಭವಿಷ್ಯವನ್ನು ಬಿಚ್ಚಿಡುವುದು - ಜಿನೆಟಿಕ್ಸನ ನೀತಿಶಾಸ್ತ್ರ ಮತ್ತು ಅನ್ವಯಗಳು

ಜೆನೆಟಿಕ್ ಸಂಶೋಧನೆ ಮತ್ತು ತಂತ್ರಜ್ಞಾನದ ನೀತಿಬಾಧ್ಯತೆಗಳು

ಪರಿಚಯ

ಜೆನೆಟಿಕ್ ಸಂಶೋಧನೆ ಮತ್ತು ತಂತ್ರಜ್ಞಾನವು ಆರೋಗ್ಯ ರಕ್ಷಣೆ, ಕೃಷಿ ಮತ್ತು ಇತರ ಹಲವಾರು ಕ್ಷೇತ್ರಗಳಲ್ಲಿ ಕ್ರಾಂತಿಯನ್ನುಂಟುಮಾಡುವ ಸಾಮರ್ಥ್ಯವನ್ನು ಹೊಂದಿದೆ. ಆದಾಗ್ಯೂ, ಈ ಸಂಶೋಧನೆ ಮತ್ತು ತಂತ್ರಜ್ಞಾನದೊಂದಿಗೆ ನೀತಿಬಾಧ್ಯತೆಗಳೂ ಇವೆ.

ಜೆನೆಟಿಕ್ ಸಂಶೋಧನೆ ಮತ್ತು ತಂತ್ರಜ್ಞಾನದ ನೀತಿಬಾಧ್ಯತೆಗಳ ಕೆಲವು ಉದಾಹರಣೆಗಳು ಇಲ್ಲಿವೆ:

- ಜೀವನದ ಸೃಷ್ಟಿ: ಜೆನೆಟಿಕ್ ಎಂಜಿನಿಯರಿಂಗ್ ಅನ್ನು ಬಳಸಿ ಹೊಸ ಜೀವಿಗಳನ್ನು ರಚಿಸುವುದು ಸಾಧ್ಯವಾಗುತ್ತದೆ. ಇದು ನೈತಿಕವಾಗಿ ಸರಿಯೇ ಎಂಬ ಪ್ರಶ್ನೆಗೆ ಉತ್ತರಿಸುವುದು ಕಷ್ಟ.

- ಜೀವನದ ಮೇಲಿನ ನಿಯಂತ್ರಣ: ಜೆನೆಟಿಕ್ ಎಂಜಿನಿಯರಿಂಗ್ ಅನ್ನು ಬಳಸಿಕೊಂಡು ಜೀವನದ ಮೇಲೆ

ಹೆಚ್ಚಿನ ನಿಯಂತ್ರಣವನ್ನು ಹೊಂದಲು ಸಾಧ್ಯವಾಗುತ್ತದೆ. ಇದು ಸಮಾಜದ ಮೇಲೆ ಯಾವ ಪರಿಣಾಮ ಬೀರುತ್ತದೆ ಎಂಬುದು ತಿಳಿದಿಲ್ಲ.

* ಅಸಮಾನತೆ: ಜೆನೆಟಿಕ್ ಎಂಜಿನಿಯರಿಂಗ್ ಅನ್ನು ಬಳಸಿಕೊಂಡು ರೋಗಗಳನ್ನು ತಡೆಗಟ್ಟಲು ಅಥವಾ ಚಿಕಿತ್ಸೆ ನೀಡಲು ಸಾಧ್ಯವಾಗುತ್ತದೆ. ಆದಾಗ್ಯೂ, ಈ ತಂತ್ರಜ್ಞಾನವು ದುಬಾರಿಯಾಗಬಹುದು, ಇದು ಅಸಮಾನತೆಯನ್ನು ಹೆಚ್ಚಿಸಬಹುದು.

ಜೆನೆಟಿಕ್ ಸಂಶೋಧನೆ ಮತ್ತು ತಂತ್ರಜ್ಞಾನದ ನೀತಿಬಾಧ್ಯತೆಗಳನ್ನು ಎದುರಿಸಲು ಹಲವಾರು ಮಾರ್ಗಗಳಿವೆ:

* ನೀತಿ ಸಂಹಿತೆಗಳು ಮತ್ತು ಕಾನೂನುಗಳು: ಜೆನೆಟಿಕ್ ಸಂಶೋಧನೆ ಮತ್ತು ತಂತ್ರಜ್ಞಾನದ ಬಳಕೆಯನ್ನು ನಿಯಂತ್ರಿಸಲು ನೀತಿ ಸಂಹಿತೆಗಳು ಮತ್ತು ಕಾನೂನುಗಳನ್ನು ಅಭಿವೃದ್ಧಿಪಡಿಸಬಹುದು.

* ಸಾರ್ವಜನಿಕ ಚರ್ಚೆ: ಜೆನೆಟಿಕ್ ಸಂಶೋಧನೆ ಮತ್ತು ತಂತ್ರಜ್ಞಾನದ ನೀತಿಬಾಧ್ಯತೆಗಳ ಬಗ್ಗೆ ಸಾರ್ವಜನಿಕ ಚರ್ಚೆ ನಡೆಸುವುದು ಮುಖ್ಯವಾಗಿದೆ. ಇದು ನಾವು ಈ ತಂತ್ರಜ್ಞಾನವನ್ನು ಹೇಗೆ ಬಳಸಬೇಕೆಂಬುದರ ಕುರಿತು ಜಾಗೃತಿ ಮೂಡಿಸಲು ಮತ್ತು ಸಹಜೀವನಕ್ಕೆ ಸೂಕ್ತವಾದ ಮಾರ್ಗಗಳನ್ನು ಅಭಿವೃದ್ಧಿಪಡಿಸಲು ಸಹಾಯ ಮಾಡುತ್ತದೆ.

**ಜೆನೆಟಿಕ್ ಸಂಶೋಧನೆ ಮತ್ತು ತಂತ್ರಜ್ಞಾನವು ಅದ್ಭುತವಾದ ಸಾಮರ್ಥ್ಯಗಳನ್ನು ಹೊಂದಿದೆ. ಆದಾಗ್ಯೂ, ಈ ತಂತ್ರಜ್ಞಾನದೊಂದಿಗೆ ಬರುವ ನೀತಿಬಾಧ್ಯತೆಗಳನ್ನು ನಾವು ಅರ್ಥಮಾಡಿಕೊಳ್ಳಬೇಕು ಮತ್ತು ಅದನ್ನು ಎಚ್ಚರಿಕೆಯಿಂದ ಬಳಸಬೇಕು.

ಜೀನ್ ಎಡಿಟಿಂಗ್ ಮತ್ತು ಔಷಧ ಮತ್ತು ಕೃಷಿಯಲ್ಲಿ ಅದರ ಸಂಭವ್ಯ ಅನ್ವಯಗಳು

ಪರಿಚಯ

ಜೀನ್ ಎಡಿಟಿಂಗ್ ಎನ್ನುವುದು ಜೀನ್‌ಗಳಲ್ಲಿ ನಿರ್ದಿಷ್ಟ ಬದಲಾವಣೆಗಳನ್ನು ಮಾಡುವ ಪ್ರಕ್ರಿಯೆಯಾಗಿದೆ. ಇದನ್ನು ಜೀನ್ ಥೆರಪಿ, ಕೃಷಿ ಮತ್ತು ಇತರ ಕ್ಷೇತ್ರಗಳಲ್ಲಿ ಬಳಸಬಹುದು.

ಔಷಧದಲ್ಲಿ ಜೀನ್ ಎಡಿಟಿಂಗ್

ಔಷಧದಲ್ಲಿ, ಜೀನ್ ಎಡಿಟಿಂಗ್ ಅನ್ನು ರೋಗಗಳನ್ನು ತಡೆಗಟ್ಟಲು, ಚಿಕಿತ್ಸೆ ನೀಡಲು ಅಥವಾ ರೋಗನಿರೋಧಕ ಶಕ್ತಿಯನ್ನು ಹೆಚ್ಚಿಸಲು ಬಳಸಬಹುದು.

ರೋಗಗಳನ್ನು ತಡೆಗಟ್ಟಲು ಜೀನ್ ಎಡಿಟಿಂಗ್

ಜೀನ್ ಎಡಿಟಿಂಗ್ ಅನ್ನು ಬಳಸಿ, ರೋಗಕ್ಕೆ ಕಾರಣವಾಗುವ ಜೀನ್‌ಗಳನ್ನು ತಡೆಯಬಹುದು. ಉದಾಹರಣೆಗೆ, ಹೃದಯರಕ್ತನಾಳದ ಕಾಯಿಲೆಗೆ ಕಾರಣವಾಗುವ ಜೀನ್‌ಗಳನ್ನು ತಡೆಯಲು ಜೀನ್ ಎಡಿಟಿಂಗ್ ಅನ್ನು ಬಳಸಬಹುದು.

ರೋಗಗಳನ್ನು ಚಿಕಿತ್ಸೆ ನೀಡಲು ಜೀನ್ ಎಡಿಟಿಂಗ್

ಜೀನ್ ಎಡಿಟಿಂಗ್ ಅನ್ನು ಬಳಸಿ, ರೋಗಕ್ಕೆ ಕಾರಣವಾಗುವ ಜೀನ್‌ಗಳನ್ನು ದುರಸ್ತಿ ಮಾಡಬಹುದು ಅಥವಾ ಬದಲಾಯಿಸಬಹುದು. ಉದಾಹರಣೆಗೆ, ಕ್ಯಾನ್ಸರ್‌ಗೆ ಕಾರಣವಾಗುವ ಜೀನ್‌ಗಳನ್ನು ದುರಸ್ತಿ ಮಾಡಲು ಜೀನ್ ಎಡಿಟಿಂಗ್ ಅನ್ನು ಬಳಸಬಹುದು.

ರೋಗನಿರೋಧಕ ಶಕ್ತಿಯನ್ನು ಹೆಚ್ಚಿಸಲು ಜೀನ್ ಎಡಿಟಿಂಗ್

ಜೀನ್ ಎಡಿಟಿಂಗ್ ಅನ್ನು ಬಳಸಿ, ರೋಗನಿರೋಧಕ ಶಕ್ತಿಯನ್ನು ಹೆಚ್ಚಿಸಬಹುದು. ಉದಾಹರಣೆಗೆ, ಕ್ಯಾಲರಾಗೆ ಕಾರಣವಾಗುವ ಜೀವಕೋಶಗಳಿಗೆ ಹೋರಾಡಲು ರೋಗನಿರೋಧಕ ಶಕ್ತಿಯನ್ನು ಹೆಚ್ಚಿಸಲು ಜೀನ್ ಎಡಿಟಿಂಗ್ ಅನ್ನು ಬಳಸಬಹುದು.

ಕೃಷಿಯಲ್ಲಿ ಜೀನ್ ಎಡಿಟಿಂಗ್

ಕೃಷಿಯಲ್ಲಿ, ಜೀನ್ ಎಡಿಟಿಂಗ್ ಅನ್ನು ಹೆಚ್ಚು ರೋಗನಿರೋಧಕ, ಹೆಚ್ಚು ಇಳುವರಿ ನೀಡುವ ಮತ್ತು ಹೆಚ್ಚು ಪೌಷ್ಟಿಕಾಂಶಗಳನ್ನು ಹೊಂದಿರುವ ಬೆಳೆಗಳನ್ನು ರಚಿಸಲು ಬಳಸಬಹುದು.

ರೋಗನಿರೋಧಕ ಬೆಳೆಗಳು

ಜೀನ್ ಎಡಿಟಿಂಗ್ ಅನ್ನು ಬಳಸಿ, ರೋಗಗಳಿಗೆ ಹೆಚ್ಚು ನಿರೋಧಕ ಬೆಳೆಗಳನ್ನು ರಚಿಸಬಹುದು. ಉದಾಹರಣೆಗೆ, ಈಡಿಯೋಫೈಟಾ ಫ್ರೋಮಿಜೆನ್‌ನಿಂದ ಉಂಟಾಗುವ ಕಾಳುಜ್ವರಕ್ಕೆ ಹೆಚ್ಚು ನಿರೋಧಕ ಗೋಧಿಯನ್ನು ರಚಿಸಲು ಜೀನ್ ಎಡಿಟಿಂಗ್ ಅನ್ನು ಬಳಸಬಹುದು.

ಹೆಚ್ಚು ಇಳುವರಿ ನೀಡುವ ಬೆಳೆಗಳು

ಜೀನ್ ಎಡಿಟಿಂಗ್ ಅನ್ನು ಬಳಸಿ, ಹೆಚ್ಚು ಇಳುವರಿ ನೀಡುವ ಬೆಳೆಗಳನ್ನು ರಚಿಸಬಹುದು.

ಜೆನೆಟಿಕ್ ಪರೀಕ್ಷೆ ಮತ್ತು ವ್ಯಕ್ತಿಗಳು ಮತ್ತು ಸಮಾಜಕ್ಕೆ ಅದರ ಪರಿಣಾಮಗಳು

ಪರಿಚಯ

ಜೆನೆಟಿಕ್ ಪರೀಕ್ಷೆ ಎನ್ನುವುದು ವ್ಯಕ್ತಿಯ ಜೀನ್‌ಗಳ ಬಗ್ಗೆ ಮಾಹಿತಿಯನ್ನು ಪಡೆಯಲು ಬಳಸುವ ಪ್ರಕ್ರಿಯೆಯಾಗಿದೆ. ಈ ಮಾಹಿತಿಯನ್ನು ರೋಗಗಳನ್ನು ತಡೆಗಟ್ಟಲು, ಚಿಕಿತ್ಸೆ ನೀಡಲು ಅಥವಾ ವ್ಯಕ್ತಿಯ ಆರೋಗ್ಯದ ಬಗ್ಗೆ ಹೆಚ್ಚಿನ ತಿಳುವಳಿಕೆಯನ್ನು ಪಡೆಯಲು ಬಳಸಬಹುದು.

ಜೆನೆಟಿಕ್ ಪರೀಕ್ಷೆಯು ವ್ಯಕ್ತಿಗಳು ಮತ್ತು ಸಮಾಜಕ್ಕೆ ಅನೇಕ ಪರಿಣಾಮಗಳನ್ನು ಹೊಂದಿದೆ. ಈ ಪರಿಣಾಮಗಳು ಸಕಾರಾತ್ಮಕ ಮತ್ತು ಋಣಾತ್ಮಕ ಎರಡೂ ಆಗಿರಬಹುದು.

ವ್ಯಕ್ತಿಗಳಿಗೆ ಜೆನೆಟಿಕ್ ಪರೀಕ್ಷೆಯ ಪರಿಣಾಮಗಳು

ವ್ಯಕ್ತಿಗಳಿಗೆ ಜೆನೆಟಿಕ್ ಪರೀಕ್ಷೆಯ ಪರಿಣಾಮಗಳು ಈ ಕೆಳಗಿನಂತಿವೆ:

- ರೋಗಗಳ ತಡೆಗಟ್ಟುವಿಕೆ: ಜೆನೆಟಿಕ್ ಪರೀಕ್ಷೆಯು ರೋಗಗಳ ಅಪಾಯವನ್ನು ಹೆಚ್ಚಿಸುವ ಜೀನ್‌ಗಳನ್ನು ಗುರುತಿಸಲು ಸಹಾಯ ಮಾಡುತ್ತದೆ. ಈ ಮಾಹಿತಿಯನ್ನು ರೋಗಗಳನ್ನು ತಡೆಗಟ್ಟಲು ಬಳಸಬಹುದು. ಉದಾಹರಣೆಗೆ, ಅಧಿಕ ರಕ್ತದೊತ್ತಡಕ್ಕೆ ಕಾರಣವಾಗುವ ಜೀನ್‌ಗಳನ್ನು ಹೊಂದಿರುವ ಒಬ್ಬ ವ್ಯಕ್ತಿಯು ಆರೋಗ್ಯಕರ ಆಹಾರವನ್ನು ಸೇವಿಸುವುದು ಮತ್ತು ವ್ಯಾಯಾಮ ಮಾಡುವುದು ಮುಂತಾದ ಜೀವನಶೈಲಿಯ ಬದಲಾವಣೆಗಳನ್ನು ಮಾಡುವ ಮೂಲಕ

ಅಧಿಕ ರಕ್ತದೊತ್ತಡವನ್ನು ತಡೆಗಟ್ಟಲು ಪ್ರಯತ್ನಿಸಬಹುದು.

- ರೋಗಗಳ ಚಿಕಿತ್ಸೆ: ಜೆನೆಟಿಕ್ ಪರೀಕ್ಷೆಯು ರೋಗಗಳಿಗೆ ಚಿಕಿತ್ಸೆ ನೀಡಲು ಸಹಾಯ ಮಾಡುತ್ತದೆ. ಉದಾಹರಣೆಗೆ, ಕ್ಯಾನ್ಸರ್‌ಗೆ ಕಾರಣವಾಗುವ ಜೀನ್‌ಗಳನ್ನು ಹೊಂದಿರುವ ಒಬ್ಬ ವ್ಯಕ್ತಿಯು ಜೀನ್ ಥೆರಪಿಯನ್ನು ಪಡೆಯಬಹುದು, ಇದು ರೋಗವನ್ನು ಗುಣಪಡಿಸಲು ಅಥವಾ ಅದರ ಬೆಳವಣಿಗೆಯನ್ನು ನಿಧಾನಗೊಳಿಸಲು ಸಹಾಯ ಮಾಡುತ್ತದೆ.

- ವೈಯಕ್ತಿಕ ಆಯ್ಕೆಗಳು: ಜೆನೆಟಿಕ್ ಪರೀಕ್ಷೆಯು ವ್ಯಕ್ತಿಯ ವೈಯಕ್ತಿಕ ಆಯ್ಕೆಗಳ ಮೇಲೆ ಪರಿಣಾಮ ಬೀರಬಹುದು. ಉದಾಹರಣೆಗೆ, ಒಬ್ಬ ವ್ಯಕ್ತಿಯು ಜೀನ್‌ಗಳನ್ನು ಹೊಂದಿದ್ದರೆ ಅದು ಅವರು ಉದ್ದವಾಗಿರುತ್ತಾರೆ ಎಂದು ಸೂಚಿಸುತ್ತದೆ, ಅವರು ಉದ್ದವಾಗಿರಲು ಬಯಸಿದರೆ ಅವರು ತಮ್ಮ ಆಹಾರಕ್ರಮ ಮತ್ತು ವ್ಯಾಯಾಮದ ಹವ್ಯಾಸಗಳನ್ನು ಬದಲಾಯಿಸಲು ನಿರ್ಧರಿಸಬಹುದು.

- ಮಾನಸಿಕ ಆರೋಗ್ಯ: ಜೆನೆಟಿಕ್ ಪರೀಕ್ಷೆಯು ವ್ಯಕ್ತಿಯ ಮಾನಸಿಕ ಆರೋಗ್ಯದ ಮೇಲೆ ಪರಿಣಾಮ ಬೀರಬಹುದು.

ಜಿನೆಟಿಕ್ಸನ ಭವಿಷ್ಯಕ್ಕೆ ಸಿದ್ದತೆ ಮತ್ತು ಜವಾಬ್ದಾರಿಯುತ ತಾಂತ್ರಿಕ ಪ್ರಗತಿ

ಪರಿಚಯ

ಜಿನೆಟಿಕ್ಸನಲ್ಲಿನ ಪ್ರಗತಿಯು ಆರೋಗ್ಯ ರಕ್ಷಣೆ, ಕೃಷಿ ಮತ್ತು ಇತರ ಹಲವಾರು ಕ್ಷೇತ್ರಗಳಲ್ಲಿ ಕ್ರಾಂತಿಯನ್ನುಂಟುಮಾಡುವ ಸಾಮರ್ಥ್ಯವನ್ನು ಹೊಂದಿದೆ. ಆದಾಗ್ಯೂ, ಈ ಪ್ರಗತಿಯು ಜವಾಬ್ದಾರಿಯುತವಾಗಿ ಮತ್ತು ನೈತಿಕವಾಗಿ ಬಳಸಬೇಕು.

ಜಿನೆಟಿಕ್ಸನ ಭವಿಷ್ಯಕ್ಕೆ ಸಿದ್ದತೆ ಮಾಡಲು, ನಾವು ಈ ಕೆಳಗಿನ ವಿಷಯಗಳನ್ನು ಪರಿಗಣಿಸಬೇಕು:

- ಜೀವನದ ನೈತಿಕತೆಯ ಬಗ್ಗೆ ನಮ್ಮ ನಂಬಿಕೆಗಳು ಮತ್ತು ಮೌಲ್ಯಗಳು: ಜಿನೆಟಿಕ್ಸನ ಬಳಕೆಯು ಜೀವನದ ನೈತಿಕತೆಯ ಬಗ್ಗೆ ನಮ್ಮ ನಂಬಿಕೆಗಳು ಮತ್ತು ಮೌಲ್ಯಗಳೊಂದಿಗೆ ಹೊಂದಿಕೊಳ್ಳಬೇಕು.

- ಸಮಾಜದ ಮೇಲಿನ ಜಿನೆಟಿಕ್ಸನ ಸಾಧ್ಯ ಪರಿಣಾಮಗಳು: ಜಿನೆಟಿಕ್ಸನ ಬಳಕೆಯು ಸಮಾಜದ ಮೇಲೆ ಯಾವ ಪರಿಣಾಮ ಬೀರಬಹುದು ಎಂಬುದನ್ನು ನಾವು ಅರ್ಥಮಾಡಿಕೊಳ್ಳಬೇಕು.

- ಜಿನೆಟಿಕ್ಸನ ಬಳಕೆಯನ್ನು ನಿಯಂತ್ರಿಸುವ ನೀತಿಗಳು ಮತ್ತು ಕಾನೂನುಗಳು: ಜಿನೆಟಿಕ್ಸನ ಬಳಕೆಯನ್ನು ನಿಯಂತ್ರಿಸಲು ನಾವು ನೀತಿಗಳು ಮತ್ತು ಕಾನೂನುಗಳನ್ನು ಅಭಿವೃದ್ಧಿಪಡಿಸಬೇಕು.

ಜವಾಬ್ದಾರಿಯುತ ತಾಂತ್ರಿಕ ಪ್ರಗತಿ

ಜಿನೆಟಿಕ್ಸ್‌ನಲ್ಲಿನ ಪ್ರಗತಿಯು ಜವಾಬ್ದಾರಿಯುತವಾಗಿ ಮತ್ತು ನೈತಿಕವಾಗಿ ಬಳಸಬೇಕು. ಜವಾಬ್ದಾರಿಯುತ ತಾಂತ್ರಿಕ ಪ್ರಗತಿಗಾಗಿ ನಾವು ಅನುಸರಿಸಬೇಕಾದ ಕೆಲವು ಸೂತ್ರಗಳು ಇಲ್ಲಿವೆ:

- ಸಮಾಜದ ಒಳಿತಿಗಾಗಿ ತಂತ್ರಜ್ಞಾನವನ್ನು ಬಳಸಿ: ತಂತ್ರಜ್ಞಾನವನ್ನು ಸಮಾಜದ ಒಳಿತಿಗಾಗಿ ಬಳಸಬೇಕು, ಅಲ್ಲದೆ ಕೆಲವು ಜನರಿಗೆ ಮಾತ್ರ ಅನುಕೂಲವಾಗುವಂತೆ ಬಳಸಬಾರದು.

- ತಂತ್ರಜ್ಞಾನದ ಬಳಕೆಯ ಪರಿಣಾಮಗಳನ್ನು ಪರಿಗಣಿಸಿ: ತಂತ್ರಜ್ಞಾನದ ಬಳಕೆಯ ಪರಿಣಾಮಗಳನ್ನು ಪರಿಗಣಿಸಬೇಕು, ಅದು ಉತ್ತಮವಾಗಿರಲಿ ಅಥವಾ ಕೆಟ್ಟದಾಗಿರಲಿ.

- ತಂತ್ರಜ್ಞಾನದ ಬಳಕೆಯನ್ನು ನಿಯಂತ್ರಿಸುವ ನೀತಿಗಳು ಮತ್ತು ಕಾನೂನುಗಳನ್ನು ಅಭಿವೃದ್ಧಿಪಡಿಸಿ: ತಂತ್ರಜ್ಞಾನದ ಬಳಕೆಯನ್ನು ನಿಯಂತ್ರಿಸುವ ನೀತಿಗಳು ಮತ್ತು ಕಾನೂನುಗಳನ್ನು ಅಭಿವೃದ್ಧಿಪಡಿಸಬೇಕು.

ಜಿನೆಟಿಕ್ಸ್‌ನ ಭವಿಷ್ಯ

ಜಿನೆಟಿಕ್ಸ್‌ನ ಭವಿಷ್ಯವು ಬಹಳ ಬೆಳೆಯುತ್ತಿದೆ ಮತ್ತು ಬದಲಾಗುತ್ತಿದೆ. ಈ ಪ್ರಗತಿಯು ಆರೋಗ್ಯ ರಕ್ಷಣೆ, ಕೃಷಿ ಮತ್ತು ಇತರ ಹಲವಾರು ಕ್ಷೇತ್ರಗಳಲ್ಲಿ ಕ್ರಾಂತಿಯನ್ನುಂಟುಮಾಡುವ ಸಾಮರ್ಥ್ಯವನ್ನು ಹೊಂದಿದೆ. ಆದಾಗ್ಯೂ, ಈ ಪ್ರಗತಿಯು ಜವಾಬ್ದಾರಿಯುತವಾಗಿ ಮತ್ತು ನೈತಿಕವಾಗಿ ಬಳಸಬೇಕು.